채소는 약

노화 예방

질병 예방

비만 예방

무라타 유코 감수

김민정 옮김

시그마북스
Sigma Books

채소는 약

발행일 2020년 9월 14일 초판 1쇄 발행
감수자 무라타 유코
옮긴이 김민정
발행인 강학경
발행처 시그마북스
마케팅 정제용
에디터 장민정, 최윤정, 최연정
디자인 김문배, 최희민

등록번호 제10-965호
주소 서울특별시 영등포구 양평로 22길 21 선유도코오롱디지털타워 A402호
전자우편 sigmabooks@spress.co.kr
홈페이지 http://www.sigmabooks.co.kr
전화 (02) 2062-5288~9
팩시밀리 (02) 323-4197
ISBN 979-11-90257-72-5(13590)

이 도서의 국립중앙도서관 출판예정도서목록(CIP)은 서지정보유통지원시스템 홈페이지(http://seoji.nl.go.kr)와
국가자료종합목록 구축시스템(http://kolis-net.nl.go.kr)에서 이용하실 수 있습니다. (CIP제어번호 : CIP2020034071)

* 시그마북스는 ㈜ 시그마프레스의 자매회사로 일반 단행본 전문 출판사입니다.

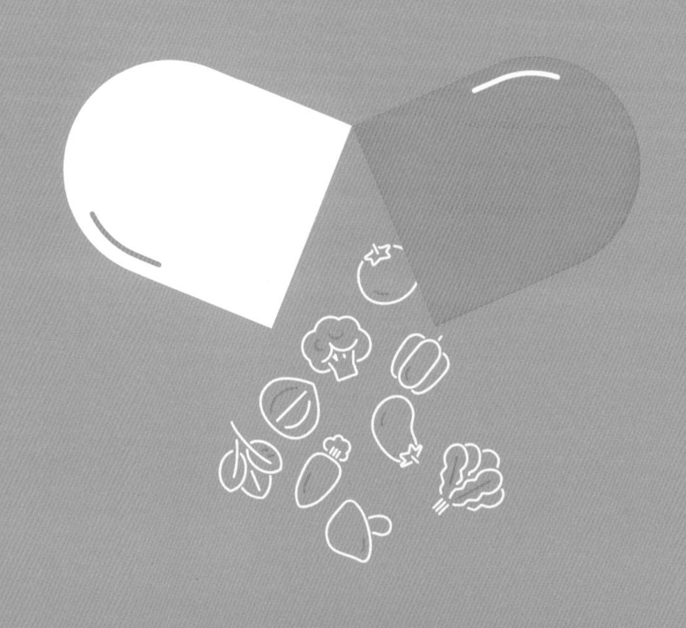

먹는 것은 곧 살아가는 것이다!
어떤 음식을 먹으며 어떻게 살아갈 것인지
생각해본 적 있는가?

작년 늦어름 무렵, 출판사로부터 “선생님, 꼭 만들고 싶은 책이 있는데 도와주실 수 있나요?”라며 연락이 왔다. 채소의 영양 성분과 효능을 알려주고, 채소를 먹으면 왜 건강해질 수 있는지 정확하게 알려주는 책을 만들고 싶다는 것이었다.

요리연구가로 활동하면서 영양관리사 자격을 취득한 지 15년이 되었다. 영양학 공부를 다시 하고 싶어 1년 전부터 대학원에 다니며 다양한 연구 활동에 참여하다 보니 마침 나도 같은 생각이 들던 터라, 이것도 인연이라는 생각에 이 책을 만들게 되었다.

그 무렵 나는 ‘당질이나 칼로리 같은 용어나 숫자로 식사를 관리하는 건 정말 쉽지 않은 일이야. 맛있게 먹고 만족감도 느끼면서 좀 더 부담 없이 평생 동안 실천할 수 있는 식습관을 제안하면 어떨까?’라고 생각하고 있었다.

현대인들이 살아가기 위해 필요한 영양소는 약 50종류가 넘으며, 그 영양소들을 골고루 섭취해야 건강하게 살아갈 수 있다. 도대체 50가지를 어떻게 챙겨 먹을지 참으로 난감한 일이다. 하지만 답은 간단하다.

“처음에는 조금씩이라도 괜찮으니 매일 채소를 먹는 것부터 시작하면 된다. 그리고 효율적으로 영양을 섭취할 수 있는 조리법과 함께 먹으면 좋은 채소들을 알아두었다가, 똑똑하고 맛있게 채소를 먹으면 된다.” 시작은 이걸로 충분하다.

물론 건강하게 살아가려면 채소뿐만 아니라 고기나 생선 같은 다른 식품들도 섭취해야 한다. 다만 고기나 생선으로부터 섭취한 영양소가 우리 몸속에서 효율적으로 기능을 하려면, 채소에 풍부하게 함유되어 있는 비타민과 미네랄이 반드시 있어야 한다. 결국, 채소를 잘 챙겨 먹지 않으면 건강해질 수도 없고 질병을 예방하기도 힘들다는 말이다.

‘무리하지 않는 범위에서 채소를 맛있게 먹는 습관을 조금씩 만들어가는 것’이 핵심이다.

서두르지 않고 자신의 리듬에 맞게 습관을 만들어가다 보면, 여러분의 몸은 조금씩 그리고 확실히 생기가 넘치는 몸으로 변화할 것이다. 향도 좋고 맛도 좋은 채소에 어떤 영양이 들어있는지, 어떻게 조리해야 확실하게 영양을 섭취할 수 있는지, 이 책을 통해 여러분이 채소와 한층 가까워지는 계기가 되길 바란다.

영양관리사 무라타 유코

차례

제1강

사람이 살아가는 데 필요한 영양소는?

우리가 건강하게 살아가기 위해서는 5가지 영양소가 필요한데, 이를 '5대 영양소'라고 한다. 5대 영양소를 세부적으로 나눠보면 약 50가지로, 다양한 식품에 골고루 함유되어 있다. 전문적인 내용이지만 영양학에서는 기초 중의 기초가 되는 내용이므로, 우선 5대 영양소에 대해 알아보자.

memo

기능성 성분이란?

식품에는 5대 영양소에 포함되는 성분 외에도 몸에 다양하게 작용하는 성분이 들어있다. 이를 총칭하여 '기능성 성분'이라고 한다. 아마 많은 사람들이 '폴리페놀'이 무엇인지 들어보았을 것이다. 식물의 색소나 쓴맛, 떫은맛을 이루는 성분인데 강력한 항산화 효능을 가지고 있다. 블루베리가 눈에 좋은 것은 폴리페놀의 일종인 안토시아닌의 작용 덕분이다. 채소나 과일에는 이 밖에도 다양한 기능성 성분이 함유되어 있다.

5대 영양소

지질

우리 몸의 에너지원이 되는 성분이다. 지질의 질을 결정하는 성분인 지방산은, 고기나 유제품에 주로 들어있는 포화지방산과 생선이나 식물성기름에 주로 들어있는 불포화지방산이 있으며, 불포화지방산 중 체내에서 합성할 수 없는 것을 필수지방산이라고 부른다.

미네랄(무기질)

지구상에 있는 광물이 물에 녹은 형태로 체내에 존재하는 영양소다. 양은 적지만 우리 몸의 기능을 유지하고 조정하는 데 없어서는 안 되는 성분으로, 체내에서 생성이 안 되기 때문에 식품을 통해 섭취해야 한다. 뼈나 치아의 재료가 되는 다량 미네랄과 체내의 다양한 화학반응에 반드시 필요한 미량 미네랄이 있다.

탄수화물

당질과 식이섬유라는 두 영양 성분을 총칭하는 말이다. 당질은 체내에서 포도당으로 분해되어 에너지원이 된다. 식이섬유는 장내 환경을 조정하거나 변통을 좋게 하는 기능을 하며, 수용성과 불용성 두 종류로 나뉜다.

단백질

근육이나 내장을 비롯해 피부, 모발같이 사람의 몸을 만드는 성분이다. 고기나 생선에 많이 함유되어 있는 동물성 단백질과 콩이나 대두가공식품에 많이 함유되어 있는 식물성 단백질 두 종류로 나뉜다. 우리 몸의 기능을 조정하는 영양소로, 부족하면 면역력이 저하된다. 단백질을 구성하는 것은 아미노산으로, 사람에게는 20종의 아미노산이 필요하다.

비타민

사람이 살아가는 데 반드시 필요한 성분인데, 체내에서는 아주 소량밖에 생성할 수 없어서 음식을 통해 섭취해야 한다. 현재 필수비타민은 13종에 이르며, 다양한 식품에 함유되어 있는데 특히 채소에 많이 함유되어 있다. 물에서는 잘 녹고 기름에서는 녹지 않는 수용성과 물에서 잘 녹지 않는 지용성 2가지가 있다.

베타카로틴(면역력 향상)
눈과 피부 건강을 유지한다.

칼륨(체내 수분 밸런스 조정)
혈압 상승을 방지한다.

비타민 C(항산화 능력 향상)
세포의 산화를 방지한다.

철분(적혈구 생성)
빈혈을 예방한다.

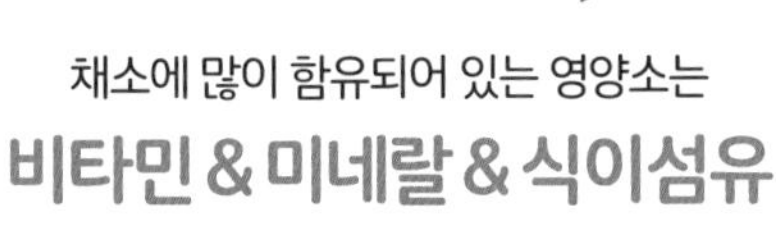

채소에 많이 함유되어 있는 영양소는

비타민 & 미네랄 & 식이섬유

비타민 E(지방 산화 방지)
혈액순환을 개선한다.

식이섬유(장내 환경 개선)
장내 환경을 개선하여 변통을 원활하게 하고 비만을 방지한다.

제2강

채소를 맛있고 똑똑하게 챙겨 먹기 위한 메뉴

일본식 식단의 기본은 일반적으로 '1국 3찬'이다. 이는 밥을 주식으로 하고 고기나 생선, 달걀, 두부 등을 사용한 메인 반찬과 채소 등의 보조 반찬 2가지, 그리고 국으로 이루어지는 식사를 말한다. 물론 음식의 가짓수가 많으면 영양을 골고루 섭취할 수 있기는 하지만, 바쁜 생활 속에서 매끼를 그렇게 챙겨 먹기는 현실적으로 무리가 있다. 그래서 나는 모든 반찬에 채소를 조금씩 곁들여서 결과적으로는 채소를 섭취하게 되는 '1국 2찬'을 제안하고자 한다. '1국 2찬'으로 어떻게 채소를 확실하게 섭취할 수 있는지, '1국 2찬'을 왜 골고루 영양을 섭취할 수 있는 방법이라고 했는지 요령을 정확하게 이해한 뒤, 우선 시험 삼아 저녁식사에 '1국 2찬'을 도전해보자. 채소가 들어간 반찬을 식탁에 올리기 위한 아이디어 '채소는 약 레시피(197~227쪽)'를 활용한 메뉴도 꼭 참고하기 바란다.

'1국 2찬' 메뉴 만들기

1

'1국 2찬'에 조금씩 채소를 사용한다

스테이크를 먹을 때 그린샐러드를 곁들이는 것도 채소를 섭취할 수 있는 좋은 방법이다. 하지만 익히지 않은 채소는 많은 양을 먹기도 쉽지 않고, 섭취할 수 있는 영양소에도 한계가 있다. 예를 들어, 고기나 생선 요리를 먹을 때 채소를 곁들여서 먹는 것보다는 양념장이나 소스를 만들 때 채소를 넣어보자. 다진 채소는 먹기도 수월해서 생각보다 많은 양을 섭취할 수 있다. 국을 끓일 때 채소를 넣는 것도 좋은 방법이다. 이렇게 먹으면 채소의 부피는 줄고 수분은 포함되어 부담 없이 먹을 수 있다.

2

4~5가지 색깔의 식품을 사용한다

밥을 흰색, 고기나 생선을 갈색으로 보고, 채소나 해조류, 그 밖의 식품으로 2~3가지 색을 보충하면 좋다. 녹색, 자색, 흰색, 적색, 황색, 갈색 등 다양한 색의 채소를 포함시키면 어렵지 않게 4~5가지 색으로 식탁을 완성할 수 있다. 다양한 색의 채소로 메뉴를 짜면 영양소를 골고루 섭취할 수 있다는 장점도 있다. 채소가 들어간 반찬을 더 추가할 때는 냉장고를 살펴보고 부족한 색의 채소는 없는지 확인한다.

색깔별 주요 채소 알아보기

1국 2찬
메뉴 구성

'식감이 최고다'

돼지 샤부샤부를 메인으로 한 상차림

볶음 반찬에는 피망을 넣는다

볶음 반찬 하면 대표적인 것이 우엉 당근 볶음이지만, 여기에서는 피망을 쓰는 것이 포인트다! 당근과 피망은 모두 베타카로틴이 풍부하기 때문에 함께 먹으면 항산화 효과가 높아지며, 완성했을 때 색감도 좋다.

돼지 샤부샤부 드레싱은 해조류를 활용한다

미역귀는 해조류지만 채소만큼 식이섬유가 풍부하다. 특유의 찰기 덕분에 고기에 착 감기기 때문에 양념장 원료로도 안성맞춤이다.

돼지 샤부샤부 & 생강 미역귀 드레싱
드레싱 만드는 법→219쪽

피망 당근 볶음
만드는 법→212쪽

무청 무말랭이 양념장으로 만든 된장국
만드는 법→217쪽

이 메뉴로 섭취 가능한 채소량

약 120g(해조류 포함)
※ 무말랭이를 무로 환산하면 약 170g(해조류 포함)

음식 컬러

생강●, 피망●, 당근●, 무●●, 미역귀●

말린 채소 활용하기

된장국에 넣은 무말랭이는 무에 비해 칼륨, 칼슘, 식이섬유 등의 영양가가 풍부한 것이 특징이다.

'토막 생선으로 간편하게 만든다'

연어소테를 메인으로 한 상차림

채소찜 샐러드는 식감이 좋다

생선이 메인 반찬인 경우 식감이 좋은 보조 반찬을 준비하면 식사의 만족도가 높아진다. 비타민 C가 풍부한 감자 브로콜리 샐러드는 피부 미용 효과도 기대할 수 있는 훌륭한 음식이다.

연어소테 소스는 파프리카를 활용한다

전자레인지에 데쳐서 부피를 줄인 파프리카에 케첩을 더한 소스는 맛도 색감도 손색이 없다. 강력한 항산화 물질인 아스타잔틴을 함유한 연어에 베타카로틴이 풍부한 파프리카를 곁들여 항산화 효과가 뛰어난 요리로 완성하였다.

만드는 법→209쪽

이 메뉴로 섭취 가능한 채소량

약 235g(감자, 버섯 포함)

음식 컬러

파프리카●●, 감자●, 브로콜리●, 우엉●, 만가닥버섯●, 양파●

맛이 강하지 않은 조림으로 수프 만들기

사실 이 수프는 각각 다른 조림을 한 그릇에 담아 만든 것이다. 맛이 강하지 않아 국물까지 남김없이 먹을 수 있는 조림 몇 가지를 미리 만들어놓으면, 건더기가 넉넉히 들어있는 수프를 간단하게 완성할 수 있다.

제3강

채소의 영양소를 확실히 섭취하는 방법은?

단순히 채소를 많이 먹기만 하면 채소에 들어있는 영양을 확실하게 섭취할 수 있을까? 영양학적으로 봤을 때 반드시 그렇지는 않다. 바로 이 점이 채소를 섭취할 때 어려운 점이다. 영양소를 균형 있게 섭취하기 위해 여러 가지 채소를 골고루 먹는 것도 중요하지만, 반드시 명심해야 할 것이 있다. 바로 영양소의 특징을 최대한 살리는 올바른 조리법과, 함께 먹으면 영양소의 상승효과를 발휘하는 효과적인 섭취 방법을 알고 먹는 것이다. 예를 들어, 비타민 C는 수용성이므로 비타민 C가 풍부한 채소를 뜨거운 물로 데치면 영양분이 빠져나가버린다.

이 책에서는 영양소를 효율적으로 섭취하기 위한 적절한 조리법과 함께 먹으면 득이 되는 채소들을 최대한 많이 소개하려고 한다. 영양소를 손실시키지 않고 최대한 살리는 비법은 결국 음식을 맛있게 만들기 위한 포인트이기도 하다. 꼼꼼하게 읽어보고 요리에 활용하도록 하자.

채소의 영양소를 살리는 비결

좋은 음식 궁합

42~43쪽에도 설명했듯이 크레송에는 세균의 침입을 막아 면역력을 높여주는 항산화 효과 및 단백질의 소화를 돕는 성분이 함유되어 있다. 따라서 스테이크를 먹을 때 크레송을 함께 먹는 것은 확실하게 효과를 얻을 수 있는 아주 좋은 예시다. 뿐만 아니라 생선구이에 무를 갈아서 곁들이는 것도 같은 맥락이다. 무를 갈아서 함께 먹으면 생선구이의 탄 부분에 들어있는 발암물질을 억제할 수 있기 때문이다.

똑똑한 밑손질

24~25쪽의 설명처럼, 시금치의 쓴 성분인 수산은 떫은맛의 원인이 되므로 이를 제거하는 밑손질이 필수다. 데쳐서 흐르는 물에 헹구면 수용성인 수산 성분이 물로 빠져나가 떫은맛을 없앨 수 있다. 이 작업은 시금치를 맛있게 먹기 위한 포인트이기도 하면서 시금치에 있는 영양소를 확실히 섭취하기 위한 방법이다. 같은 녹색 채소 중에도 데치면 영양소가 파괴되는 것도 있으므로 각 채소의 밑손질 방법을 반드시 알아두자.

건강하게 먹기 위한 조리법

녹황색 채소는 비타민의 일종인 베타카로틴을 풍부하게 함유하고 있다. 이 베타카로틴은 기름과 함께 섭취하면 흡수율이 높아지는 지용성 비타민이다. 파프리카나 피망은 베타카로틴의 함유량이 많으므로 기름으로 볶는 것이 건강하게 먹는 팁이다. 반드시 가열을 해야 하는 것은 아니므로 날로 썰어서 마요네즈나 오일을 넣은 드레싱을 뿌려 먹어도 좋다. '파프리카는 기름과 함께'라고 기억해두면 조리할 때 쉽게 활용할 수 있다.

제4강

채소 100g의 기준은?

일본의 후생노동성은 하루에 350g 이상의 채소를 섭취할 것을 권장하고 있다. 이는 '다양한 채소를 350g 이상 먹는 것이 건강하게 살아가는 데 필요한 영양소를 섭취하는 길'이라는 의미다. 350g이라는 중량보다 더 중요한 것은 다양한 채소를 섭취해야 한다는 것이다. 한 가지 채소로 350g을 먹는 것은 의미가 없다. 그렇다고 복잡하게 생각할 필요는 없다. 녹황색 채소 150g, 담색 채소 200g, 감자나 버섯류 100g의 비율로 하루 총 350~450g, 한 끼에 150g 전후로 채소를 섭취하는 것을 목표로 삼으면 된다. 이번 강의에서는 주요 채소(감자, 버섯 포함)의 100g이 어느 정도 되는지를 소개한다. 섭취하는 채소의 양을 가늠하기 위해 알아두면 도움이 될 것이다.

녹황색 채소

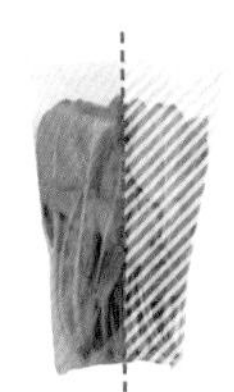

시금치
100g=½봉지

경수채
100g=½봉지

브로콜리
100g=½송이

풋강낭콩
100g=긴 것 10개

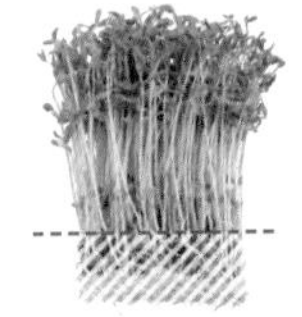

완두콩 새싹
100g=1봉지
(밑동 부분 제외)

피망
100g=3개

부추
100g=1묶음

토마토
100g=⅔개

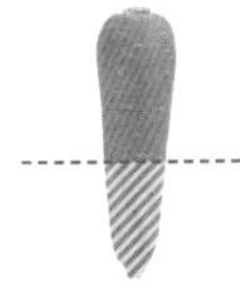

당근
100g=⅔개

담색 채소 & 기타

양배추
100g=겉잎 2장
(심지 포함)

오이
100g=1개

양하
100g=큰 것 6개

가지
100g=큰 것 1개

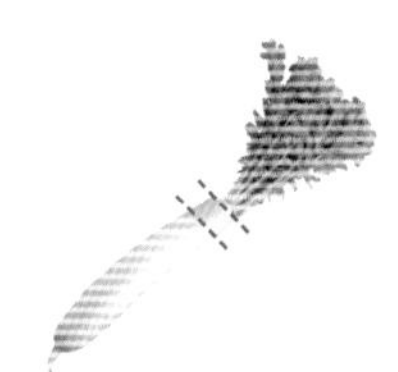

무(잎은 녹황색 채소)
100g=3㎝ 두께

파
100g=흰색 부분 1개

양파
100g=½개

셀러리
100g=줄기 부분 1개

배추
100g=겉잎 1장

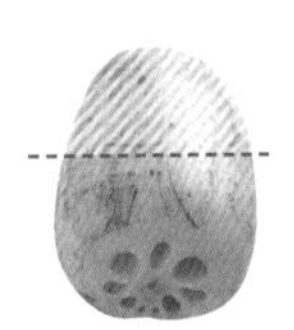

연근
100g=½개

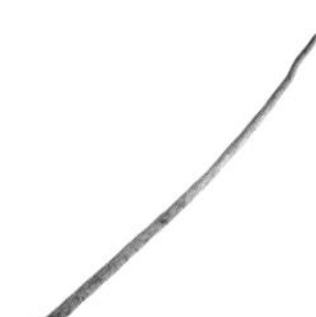

우엉
100g=가는 것 1개

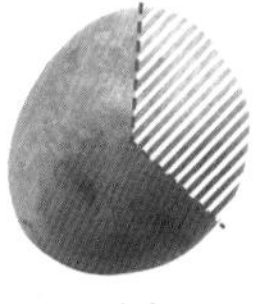

감자
100g=⅔개

고구마
100g=½개

표고버섯
100g=큰 것 6개

만가닥버섯
100g=작은 것 1팩

★ 위에 표시한 수치는 최근 시판되는 채소의 크기를 고려한 것이다.

이 책의 특징과 사용법

이 책은 매일 식탁에 올리고 싶은 채소와 건강한 몸을 만들기 위해 함께 곁들일 각각의 식재료가 함유하고 있는 영양소, 효과 및 효능, 조리 포인트를 설명할 것이다. 식재료에 대해 알고 싶을 때, 몸을 개선하기 위해 어떤 것을 먹을지 궁금할 때 참고하기 바란다.

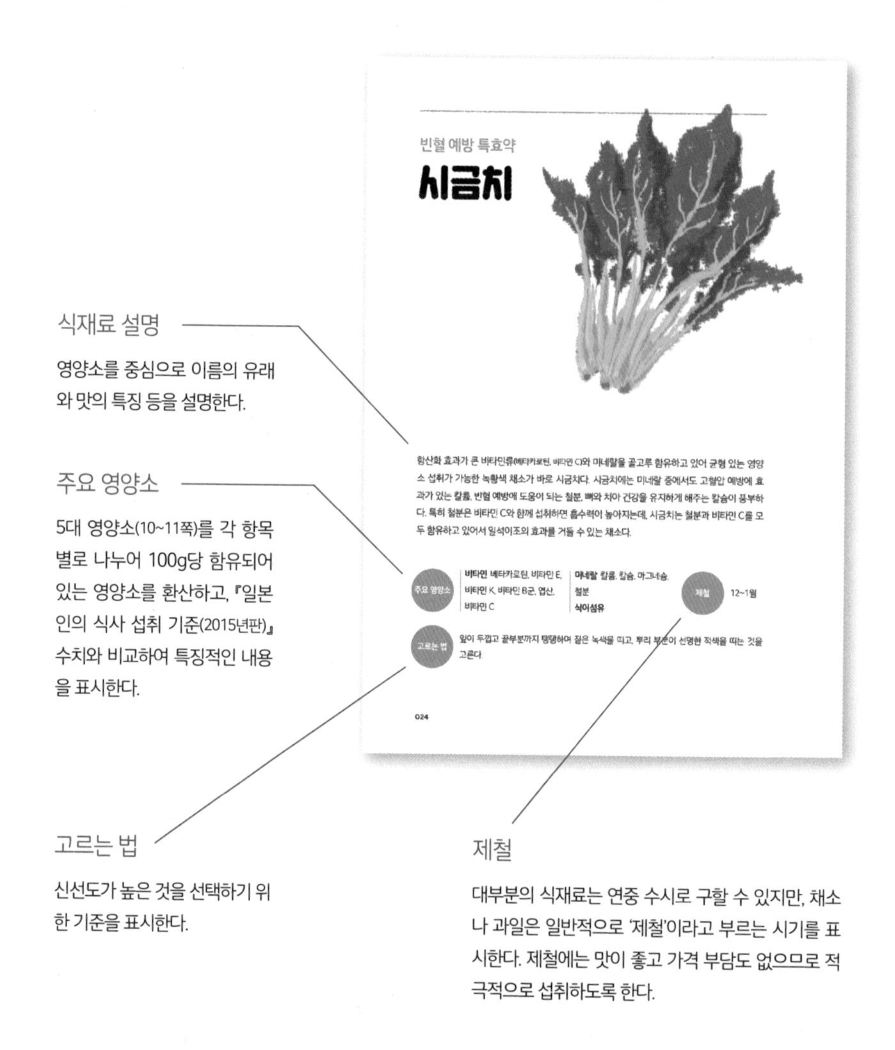

식재료 설명

영양소를 중심으로 이름의 유래와 맛의 특징 등을 설명한다.

주요 영양소

5대 영양소(10~11쪽)를 각 항목별로 나누어 100g당 함유되어 있는 영양소를 환산하고, 『일본인의 식사 섭취 기준(2015년판)』 수치와 비교하여 특징적인 내용을 표시한다.

고르는 법

신선도가 높은 것을 선택하기 위한 기준을 표시한다.

제철

대부분의 식재료는 연중 수시로 구할 수 있지만, 채소나 과일은 일반적으로 '제철'이라고 부르는 시기를 표시한다. 제철에는 맛이 좋고 가격 부담도 없으므로 적극적으로 섭취하도록 한다.

효과 · 효능

섭취했을 때 효과를 기대할 수 있는 증상을 표시한다. 여기에서 말하는 효과 및 효능은 오늘 먹고 당장 내일 증상이 개선된다는 의미가 아니다. 적정량을 꾸준하게 섭취한다는 생각으로 평상시 식탁에 올리도록 노력하자.

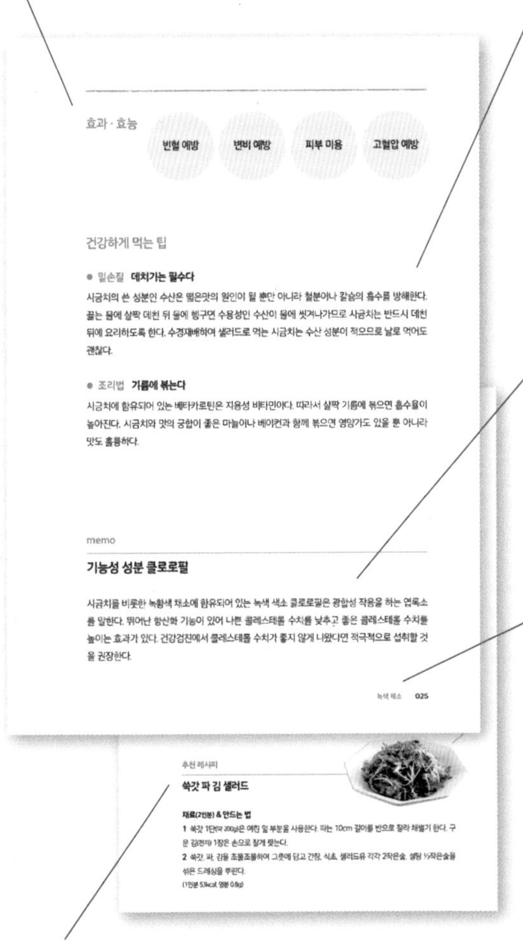

효과 · 효능

빈혈 예방 | 변비 예방 | 피부 미용 | 고혈압 예방

건강하게 먹는 팁

● 밑손질 **데치기는 필수다**

시금치의 쓴 성분인 수산은 떫은맛의 원인이 될 뿐만 아니라 철분이나 칼슘의 흡수를 방해한다. 끓는 물에 살짝 데친 뒤 물에 헹구면 수용성인 수산이 물에 씻겨나가므로 시금치는 반드시 데친 뒤에 요리하도록 한다. 수경재배하여 샐러드로 먹는 시금치는 수산 성분이 적으므로 날로 먹어도 괜찮다.

● 조리법 **기름에 볶는다**

시금치에 함유되어 있는 베타카로틴은 지용성 비타민이다. 따라서 살짝 기름에 볶으면 흡수율이 높아진다. 시금치와 맛의 궁합이 좋은 마늘이나 베이컨과 함께 볶으면 영양가도 있을 뿐 아니라 맛도 훌륭하다.

memo

기능성 성분 클로로필

시금치를 비롯한 녹황색 채소에 함유되어 있는 녹색 색소 클로로필은 광합성 작용을 하는 엽록소를 말한다. 뛰어난 항산화 기능이 있어 나쁜 콜레스테롤 수치를 낮추고 좋은 콜레스테롤 수치를 높이는 효과가 있다. 건강검진에서 콜레스테롤 수치가 좋지 않게 나왔다면 적극적으로 섭취할 것을 권장한다.

녹색 채소 025

추천 레시피

쑥갓 파 김 샐러드

재료(2인분) & 만드는 법

1 쑥갓 1단(약 200g)은 여린 잎 부분을 사용한다. 파는 10cm 길이를 반으로 잘라 채썰기 한다. 구운 김(전지) 1장은 손으로 잘게 찢는다.

2 쑥갓, 파, 김을 조물조물하여 그릇에 담고 간장, 식초, 샐러드유 각각 2작은술, 설탕 ½작은술을 섞은 드레싱을 뿌린다.

(1인분 53kcal, 염분 0.8g)

추천 레시피

단시간에 완성할 수 있는 반찬이나 전자레인지로 손쉽게 만들 수 있는 디저트 등 추천 레시피를 소개한다. 모두 식재료 본연의 맛을 살린 간단한 요리이므로 꼭 도전해보기 바란다.

건강하게 먹는 팁

16~17쪽의 '채소의 영양소를 확실히 섭취하는 방법은?'에서 소개했듯이 각각의 채소가 가지고 있는 영양소를 효율적으로 섭취하기 위해 알아두어야 할 정보를 '좋은 음식 궁합', '밑손질', '조리법' 등 3가지 항목으로 나누어 설명한다.

식재료와 관련된 다양한 정보

'memo'에서는 식재료 설명 부분에서 다루지 못한 영양 성분, 밑손질 및 보관 방법 등 알아두면 좋은 정보를 소개한다.

채소는 색깔별로 분류

매일 먹는 메뉴를 짤 때, 식재료 색깔의 수로 균형을 맞출 수 있도록 23~153쪽의 '색깔에 따라 효능이 다른 채소' 편에서는 채소를 색깔별로 분류한다. 감자나 버섯은 영양학에서 채소로 분류되지 않지만, 일상에서 채소와 같은 식재료로 쓰이기 때문에 채소류에 함께 실었다. 또한 채소에 곁들이면 좋은 식재료로 과일, 대두가공식품, 해조류, 견과류·참깨를 각각 별도의 항목으로 표시하였다.

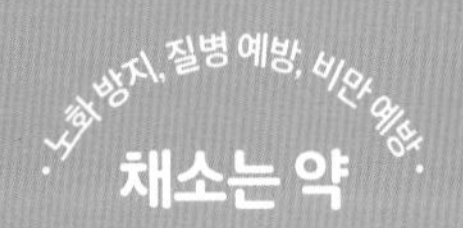

채소에 대해 좀 더 알아볼까?

색깔에 따라 효능이 다른 채소

채소가 몸에 좋은 건 알지만, 어떻게 좋은지 잘 아는 사람은 의외로 많지 않다. 어떤 영양소를 함유하고 있는지, 어떻게 요리하면 영양소를 확실하게 섭취할 수 있는지, 나아가서 우리 몸에 어떻게 좋은지 궁금한 점이 너무 많다. 그래서 정리한 것이 몸에 좋은 채소를 똑똑하게 먹기 위한 처방전이다. 이 책을 읽고 많은 사람들이 '아, 그렇구나', '흠, 역시!', '채소가 먹고 싶은데'라는 생각을 하게 되면 좋겠다.

채소의 영양분을
똑똑하게, 맛있게
섭취할 수 있는
비법이 가득!

빈혈 예방 특효약

시금치

항산화 효과가 큰 비타민류(베타카로틴, 비타민 C)와 미네랄을 골고루 함유하고 있어 균형 있는 영양소 섭취가 가능한 녹황색 채소가 바로 시금치다. 시금치에는 미네랄 중에서도 고혈압 예방에 효과가 있는 칼륨, 빈혈 예방에 도움이 되는 철분, 뼈와 치아 건강을 유지하게 해주는 칼슘이 풍부하다. 특히 철분은 비타민 C와 함께 섭취하면 흡수력이 높아지는데, 시금치는 철분과 비타민 C를 모두 함유하고 있어서 일석이조의 효과를 거둘 수 있는 채소다.

주요 영양소

비타민 베타카로틴, 비타민 E, 비타민 K, 비타민 B군, 엽산, 비타민 C

미네랄 칼륨, 칼슘, 마그네슘, 철분

식이섬유

12~1월

잎이 두껍고 끝부분까지 탱탱하며 짙은 녹색을 띠고, 뿌리 부분이 선명한 적색을 띠는 것을 고른다.

효과 · 효능

빈혈 예방 | 변비 예방 | 피부 미용 | 고혈압 예방

건강하게 먹는 팁

● 밑손질 **데치기는 필수다**

시금치의 쓴 성분인 수산은 떫은맛의 원인이 될 뿐만 아니라 철분이나 칼슘의 흡수를 방해한다. 끓는 물에 살짝 데친 뒤 물에 헹구면 수용성인 수산이 물에 씻겨나가므로 시금치는 반드시 데친 뒤에 요리하도록 한다. 수경재배하여 샐러드로 먹는 시금치는 수산 성분이 적으므로 날로 먹어도 괜찮다.

● 조리법 **기름에 볶는다**

시금치에 함유되어 있는 베타카로틴은 지용성 비타민이다. 따라서 살짝 기름에 볶으면 흡수율이 높아진다. 시금치와 맛의 궁합이 좋은 마늘이나 베이컨과 함께 볶으면 영양가도 있을 뿐 아니라 맛도 훌륭하다.

memo

기능성 성분 클로로필

시금치를 비롯한 녹황색 채소에 함유되어 있는 녹색 색소 클로로필은 광합성 작용을 하는 엽록소를 말한다. 뛰어난 항산화 기능이 있어 나쁜 콜레스테롤 수치를 낮추고 좋은 콜레스테롤 수치를 높이는 효과가 있다. 건강검진에서 콜레스테롤 수치가 좋지 않게 나왔다면 적극적으로 섭취할 것을 권장한다.

뼈와 치아를 튼튼하게 하는

소송채

소송채는 영양가가 높다는 점에서 시금치와 쌍벽을 이루는 녹황색 채소로, 항산화 효과가 뛰어난 비타민류(베타카로틴, 비타민 C) 함유량은 시금치와 거의 동급이다. 뼈와 치아를 튼튼하게 하는 칼슘을 시금치보다 3배 이상 함유하고 있어 칼슘의 훌륭한 공급원으로 손꼽히는 채소다.

주요 영양소

비타민 베타카로틴, 비타민 E, 비타민 K, 비타민 B군, 엽산, 비타민 C

미네랄 칼륨, 칼슘, 철분

식이섬유

제철 12~2월

고르는 법 밑동이 튼튼하고 잎이 끝부분까지 탱탱한 것을 고른다. 잎이 누렇게 변한 것은 피한다.

효과 · 효능

빈혈 예방 | 혈액순환 촉진 | 골다공증 예방 | 고혈압 예방

건강하게 먹는 팁

● 좋은 음식 궁합 **비타민 D가 풍부한 식재료와 함께 먹는다**

소송채에는 비타민 D가 풍부한 어패류(연어, 잔멸치 등)나 건표고버섯, 목이버섯 등 자연 건조한 버섯류를 곁들이면 좋다. 비타민 D는 칼슘의 흡수를 촉진하는 영양소이므로 소송채의 칼슘을 효율적으로 섭취하는 데 도움이 된다.

● 조리법 **전자레인지로 가열한다**

소송채는 떫은맛을 없애기 위해 데칠 필요가 없다. 따라서 나물로 무쳐 먹을 때는 전자레인지를 이용해 가열하여 조리할 것을 권장한다. 이렇게 하면 수용성인 비타민 C가 빠져나가는 것을 막을 수 있다.

memo

소송채는 신선도가 생명이다

안타깝게도 많은 사람들이 육류나 생선에 비해 채소의 신선도를 중요하게 생각하지 않는 듯하다. 특히 소송채는 신선도가 떨어지는 속도가 빠른데, 비타민 C의 경우 시간이 갈수록 더 빨리 감소한다. 채소가 함유하고 있는 영양소를 손실 없이 섭취하기 위해서는 반드시 신선할 때 조리해서 먹도록 한다.

위장 컨디션을 조절해주는

쑥갓

국화 잎과 닮은 쑥갓은 비타민류와 미네랄류를 골고루 함유하고 있다. 베타카로틴이 시금치 이상으로 풍부할 뿐만 아니라 탄수화물과 지방, 단백질의 에너지대사에 필수불가결한 비타민 B군이 특히 많이 함유되어 있다. 또한 쑥갓 특유의 향을 내는 성분인 페릴알데히드는 위장 기능을 좋게 하고 가래를 없애주어 기침을 진정시키는 효과가 있다.

비타민 베타카로틴, 비타민 E, 비타민 K, 비타민 B군, 엽산, 비타민 C

미네랄 칼륨, 칼슘, 철분

식이섬유

11~3월

고르는 법 잎이 두툼하고 짙은 녹색을 띠며, 줄기 아래쪽으로 잎이 나 있는 것을 고른다.

효과 · 효능

피부 미용　감기 예방　식욕 증진　소화 촉진

건강하게 먹는 팁

● 조리법 **여린 잎은 날로 먹는다**

쑥갓의 줄기는 단단하기 때문에 조리할 때 반드시 가열을 해야 하지만, 여린 잎 끝부분은 날로도 먹을 수 있다. 샐러드로 먹으면 수용성인 비타민 B군을 효율적으로 섭취할 수 있을 뿐만 아니라 쑥갓의 향과 뛰어난 식감도 마음껏 즐길 수 있다.

추천 레시피

쑥갓 파 김 샐러드

재료(2인분) & 만드는 법

1 쑥갓 1단(약 200g)은 여린 잎 부분을 사용한다. 파는 10cm 길이를 반으로 잘라 채썰기 한다. 구운 김(전지) 1장은 손으로 잘게 찢는다.

2 쑥갓, 파, 김을 조물조물하여 그릇에 담고 간장, 식초, 샐러드유 각각 2작은술, 설탕 ½작은술을 섞은 드레싱을 뿌린다.

(1인분 53kcal, 염분 0.8g)

빈혈 예방에 도움 되는

경수채

경수채는 비타민류와 미네랄류를 골고루 함유하고 있는 녹황색 채소다. 시금치와 마찬가지로 빈혈 예방에 도움을 주는 철분뿐만 아니라 철분의 흡수를 돕는 비타민 C도 풍부해서 두 영양소를 동시에 섭취할 수 있다. 제철은 겨울이지만 일 년 내내 부담 없는 가격으로 구입할 수 있으며, 전골 요리뿐만 아니라 샐러드나 나물로도 즐길 수 있다.

주요 영양소

비타민 베타카로틴, 비타민 E, 비타민 K, 비타민 B군, 엽산, 비타민 C

미네랄 칼륨, 칼슘, 마그네슘, 철분

식이섬유

제철 12~3월

고르는 법 가느다란 잎이 뾰족하고, 줄기가 곧게 뻗은 것을 고른다.

효과 · 효능

피부 미용 / 빈혈 예방 / 고혈압 예방 / 골다공증 예방

건강하게 먹는 팁

● 조리법 1 익히지 않고 샐러드로 먹는다

비타민 C를 효율적으로 섭취하기 위한 최고의 메뉴는 역시 샐러드다. 경수채는 어떤 요리에도 잘 어울리는 맛이라 일본식, 서양식, 중국식 등 다양한 요리에 활용할 수 있다.

● 조리법 2 국물 요리는 간을 약하게 한다

경수채에 풍부하게 함유되어 있는 비타민 C는 수용성이다. 국물 요리로 만들 때는 영양소가 녹아 있는 국물도 남김없이 먹을 수 있도록 간을 약하게 조리하는 것이 중요하다. 이렇게 조리하면 비타민 C를 효율적으로 섭취할 수 있다.

memo

엽산

경수채에 풍부한 엽산은 비타민의 일종으로, 쉽게 말해 적혈구의 기본이 되는 영양소다. 세포 분열이나 증식, 성장을 촉진하는 기능도 있어서 특히 임산부가 꼭 챙겨 먹어야 하는 비타민이다. 이 밖에도 엽산에는 혈액 속의 활성산소 농도를 낮춰 동맥경화를 예방하거나 피부와 위의 점막을 보호하는 기능도 있다.

혈액순환을 개선하는

청경채

청경채는 중국의 대표적인 채소로 비타민류와 미네랄류를 골고루 함유하고 있다. 비타민류 중에서는 노화의 원인이 되는 활성산소로부터 몸을 지켜주는 베타카로틴이, 미네랄류 중에서는 칼슘이 풍부하다. 칼슘은 골다공증 예방에 효과가 있는 영양소이므로, 뼈 건강에 신경 써야 하는 갱년기 여성에게 특히 권장하고 싶은 채소다.

주요 영양소

비타민 베타카로틴, 비타민 E, 비타민 K, 비타민 C

미네랄 칼륨, 칼슘, 철분

식이섬유

제철 9~1월

고르는 법 잎이 두툼하고 크며 끝부분까지 탱탱하고, 뿌리 부분이 튼튼한 것을 고른다.

효과 · 효능

빈혈 예방 | 피부 미용 | 골다공증 예방 | 고혈압 예방

건강하게 먹는 팁

● 좋은 음식 궁합 **비타민 D가 풍부한 식재료와 함께 먹는다**

칼슘의 흡수를 촉진하는 비타민 D를 풍부하게 함유하고 있는 목이버섯, 건표고버섯 등 버섯류와 함께 먹는 것을 추천한다. 청경채와 목이버섯을 함께 볶은 요리는 중국 레스토랑에서 흔히 볼 수 있는데, 맛이 좋을 뿐 아니라 영양 면에서도 훌륭하다.

● 조리법 **국물 요리는 간을 약하게 한다**

청경채는 쓴맛이 없고 끓여도 모양이 망가지지 않기 때문에, 국물 요리나 수프를 만들 때 넣는 재료로 안성맞춤이다. 국물에 배어 나온 영양소를 남김없이 섭취할 수 있도록 간을 약하게 조리하는 것이 좋다.

memo

비타민 C 이야기

비타민 C는 콜라겐 생성에 없어서는 안 되기 때문에 피부 미용을 위한 비타민으로 알려져 있다. 체내에서 혈액 속의 활성산소를 제거하여 동맥경화를 예방하거나 면역력을 높이고 스트레스에 대항하기 위한 호르몬 합성에 관여하는 등 다양한 기능을 가지고 있다. 수용성 비타민의 특성상 과잉분은 2~3시간 내에 몸 밖으로 배출되므로 부지런히, 확실하게 챙겨 먹어야 하는 영양소다.

제철 채소 확실하게 챙겨 먹기

봄철 불쾌한 증상들을 개선하는

유채

노란 꽃이 피기 전 유채꽃의 어린 꽃봉오리와 줄기 부분을 자른 것이 유채다. 특유의 향과 씁쓸한 맛이 있으며, 봄을 알리는 제철의 맛으로 널리 알려져 있다. 베타카로틴, 비타민 C와 같은 비타민류뿐만 아니라 미네랄류도 골고루 함유하고 있으며, 칼슘과 식이섬유 또한 놀라울 만큼 풍부하다. 칼슘은 봄철에 흔히 발생하는 흥분감, 스트레스를 해소하는 데 효과가 있으며, 비타민류는 피로 회복과 혈액순환 촉진에 효과적이다.

주요 영양소

비타민 베타카로틴, 비타민 E, 비타민 K, 비타민 B군, 엽산, 비타민 C

미네랄 칼륨, 칼슘, 철분

식이섬유

단백질

12~3월

고르는 법 꽃봉오리가 탱탱하고 줄기와 단면이 싱싱한 것을 고른다. 줄기가 마른 것은 피한다.

효과 · 효능

피부 미용 | 감기 예방 | 혈액순환 촉진 | 불안감 해소

건강하게 먹는 팁

● 조리법 **데쳐서 무침으로 만들어 먹는다**

몸이 나른하거나 뚜렷한 이유 없이 불안한 느낌이 드는 등 봄에 흔히 느끼는 불쾌한 증상을 해소하는 데 필요한 영양소는 비타민 C와 칼슘이다. 이 영양소들을 손실 없이 먹으려면 장시간 가열하는 조리법은 피하는 것이 좋다. 유채를 살짝 데치기만 하면 쉽게 완성할 수 있는 유채 무침은 그야말로 봄을 건강하게 보내도록 돕는 훌륭한 요리다.

추천 레시피

유채 머스터드 마요네즈 무침

재료(2인분) & 만드는 법

1 유채 ½묶음(약 125g)의 길이를 반으로 자른다.

2 냄비에 유채를 넣고 소금 3큰술을 뿌린 뒤 뚜껑을 덮어 중불에서 2~3분간 찐다.

3 체에 밭쳐 한 김 식힌 뒤, 홀그레인머스터드와 마요네즈 각각 1큰술을 넣어 무친다.

(1인분 87kcal, 염분 0.7g)

위장 기능을 개선하는

양배추

양배추는 콜라겐 생성을 촉진하고 혈관, 점막, 뼈를 튼튼하게 하는 등 다양한 기능을 수행하는 비타민 C를 풍부하게 함유하고 있다. 겉잎 2장이면 하루에 필요한 비타민 C의 절반을 섭취할 수 있을 뿐만 아니라, 겉잎에는 골다공증 및 지방간을 예방하는 데 효과적인 비타민 K도 다량 함유되어 있다. 또한 양배추 성분 중에 특징적인 비타민 U는 위 점막을 재생하여 위궤양이나 십이지장궤양을 예방하는 데도 효과가 있다.

주요 영양소

비타민 비타민 K, 비타민 C | **식이섬유**

미네랄 칼륨

제철

봄 3~5월

겨울 1~3월

손에 들었을 때 묵직하고, 잎이 단단하게 싸여있는 것이 좋다. 잘라져 있는 것을 고를 때는 단면의 색이 변하지 않은 것을 고른다.

효과 · 효능

변비 해소 / 감기 예방 / 소화 촉진 / 소화불량 해소

건강하게 먹는 팁

● 밑손질 **물로 씻을 때는 단시간에 씻는다**

양배추에 함유되어 있는 비타민 C와 비타민 U는 물에 쉽게 녹는 성질이 있으므로 싱싱하게 하기 위해 물로 씻을 때는 아주 살짝만 씻도록 한다. 특히 채 썬 양배추는 단면이 많아 영양소가 빠져나가기 쉬우므로 주의해야 한다.

● 조리법 **익히지 않고 샐러드로 먹는다**

양배추에 함유되어 있는 비타민 C와 비타민 U는 물에 잘 녹을 뿐만 아니라 열에도 약하므로 날로 먹는 것이 좋다. 양배추를 날것으로 충분히 먹기 위해서는 부피를 줄이는 것이 관건이다. 잘게 채 썬 양배추는 가볍게 소금으로 조물조물해도 좋고, 돼지고기 생강 구이에 채 썬 양배추를 곁들일 때는 양배추 위에 돼지고기 생강 구이를 얹으면 고기의 열로 양배추의 숨이 한풀 꺾여 부피를 줄일 수 있다.

memo

기능성 성분 비타민 U

비타민과 유사한 기능을 하며 비타민의 기능을 돕는 역할을 하는 '비타민 유사물질'의 일종인 비타민 U는 카베진이라고도 한다. 이름에서 알 수 있듯이 사실 이는 양배추 특유의 성분을 말한다. 위산의 과다 분비를 억제하거나 위 점막의 신진대사를 활발하게 하여 위궤양을 예방하고 개선하는 데 특히 효과가 뛰어나다. 비타민 U를 성분으로 한 위장약이 많은 것을 보면 그 효과를 충분히 알 수 있다.

듬뿍 먹고 싶은 잎채소 No.1

양상추

상추에는 잎의 색깔이 엷고 둥글게 결구(채소 잎이 여러 겹으로 겹쳐서 공 모양으로 속이 드는 것-옮긴이)하는 결구상추와 잎이 녹색이며 벌어져 있는 잎상추가 있으며, 일반적으로 '양상추'라고 하면 결구상추를 가리킨다. 결구상추의 경우 전체의 90% 이상이 수분이기 때문에 영양소가 풍부하지는 않지만, 번거로운 밑손질이 필요 없고 날로 먹을 수 있다는 장점이 있다. 체내 수분대사를 정상화시키고 부종 해소에도 효과가 있는 칼륨을 손쉽게 섭취할 수 있는 채소다.

주요 영양소 | **미네랄** 칼륨 | **식이섬유**

제철 4~9월

고르는 법 묵직하면서 잎이 푹신하고, 심지의 단면이 흰색을 띠는 것을 고른다.

효과 · 효능

부종 해소

건강하게 먹는 팁

● 조리법 **가열해서 듬뿍 먹는다**

양상추를 듬뿍 먹기 위한 효과적인 방법은 살짝 볶거나 쪄서 부피를 줄이는 것이다. 날상추 특유의 풋내를 거슬려 하는 사람도 기름의 향미나 수프의 깊은 맛을 입히면 부담 없이 맛있게 먹을 수 있다. 원래 날로 먹을 수 있는 채소이므로 살짝 가열하기만 해도 물에 잘 녹는 칼륨을 효율적으로 섭취할 수 있다. 고기나 생선, 밥과 곁들이면 풍성한 한 끼가 완성된다.

memo

잎상추의 영양가

써니레터스(꽃상추-옮긴이)나 그린리프레터스(청상추-옮긴이)와 같은 잎상추는 녹황색 채소와 마찬가지로 베타카로틴, 비타민 C 같은 비타민류를 비롯해 칼륨, 칼슘 같은 미네랄류를 함유하고 있어 결구상추보다 영양 면에서는 뛰어나다. 같은 상추라고 해도 형태나 맛, 영양은 모두 다르다는 것을 명심하자.

부종을 해소하는

버터헤드레터스

버터헤드레터스는 상추 중에서도 특히 영양가가 높고 비타민류와 미네랄류를 골고루 함유하고 있다. 비타민류 중에서는 항산화 효과가 높은 베타카로틴과 비타민 E, 미네랄류 중에서는 칼륨, 칼슘, 철분 등을 풍부하게 함유하고 있다. 기본적으로는 날로 많이 먹는 샐러드 채소지만, 그 외에도 다양한 요리에 활용할 수 있다.

주요 영양소 | **비타민** 베타카로틴, 비타민 E, 비타민 K, 비타민 B군 | **미네랄** 칼륨, 칼슘, 철분 **식이섬유**

제철 연중

고르는 법 잎이 진한 녹색을 띠며 두툼하고 푹신한 것을 고른다.

효과 · 효능

빈혈 예방 | 피부 미용 | 골다공증 예방 | 부종 해소

건강하게 먹는 팁

● 조리법 **샐러드 외에 다른 음식에도 응용한다**

버터헤드레터스에 함유되어 있는 비타민과 미네랄을 효율적으로 섭취하려면 날로 먹는 것이 가장 좋다. 가장 일반적인 방법은 토마토나 오이를 곁들여 샐러드로 먹는 것이지만, 불고기를 먹을 때 상추로 곁들여 먹거나, 손말이초밥(데마키즈시)을 만들 때 구운 김 대신 버터헤드레터스를 사용하는 것도 좋은 방법이다. 뿐만 아니라, 비타민 K에는 칼슘의 흡수를 돕는 기능이 있으므로 뼈째 먹는 작은 생선이나 치즈와 함께 말아서 먹으면 칼슘을 효율적으로 섭취할 수 있다.

memo

버터헤드레터스의 신선도를 유지하는 보관법

버터헤드레터스는 신선도가 빨리 떨어지는 채소 중 하나다. 특히 쉽게 건조해지므로 구입한 뒤 한동안 보관해야 하는 경우에는 분무기로 물을 뿌리거나 가볍게 물에 적신 키친타월로 감싼 뒤에 봉지에 넣어 냉장고의 채소실에 보관하면 좋다. 이때, 잎이 위를 향하도록 세워서 보관하면 쉽게 시들지 않는다.

소화불량을 해소하는

크레송

크레송은 물냉이라고도 불리며, 고기 요리와의 궁합이 좋다. 베타카로틴 함유량이 월등히 풍부하며, 비타민류와 미네랄류가 모두 풍부한 녹황색 채소 중 하나다. 특유의 씁쓰레한 맛은 시니그린이라고 하는 매운맛 성분 때문이다. 잎뿐만 아니라 줄기에도 영양이 풍부하므로 가열하는 등 다양한 조리법으로 응용하여 섭취하도록 하자.

비타민 베타카로틴, 비타민 E, 비타민 K, 비타민 B군, 엽산, 비타민 C

미네랄 칼륨, 칼슘, 철분

식이섬유

4~5월

고르는 법

잎이 탄력 있고 싱싱하며, 향기가 확실하게 나는 것을 고른다.

효과 · 효능

식중독 예방 / 혈액순환 촉진 / 소화 촉진 / 소화불량 해소

건강하게 먹는 팁

● 좋은 음식 궁합 **고기 요리에 곁들인다**

크레송의 시니그린이라는 매운맛 성분에는 세균의 침입을 막아 면역력을 높여주는 항산화 효과와 단백질의 소화를 돕는 기능이 있다. 즉, 식중독 예방과 식욕 증진 효과를 얻을 수 있으므로 크레송은 고기 요리에 곁들이는 최고의 채소라고 할 수 있다.

● 조리법 **수프 또는 나물로 만든다**

수프로 만들면 잎뿐만 아니라 줄기까지 남김없이 먹을 수 있을 뿐만 아니라 수프에 배어 나온 영양소를 빠짐없이 효율적으로 섭취할 수 있다. 또는 줄기와 잎을 살짝 데쳐서 나물로 무쳐 먹는 것도 좋은 방법이다.

memo

기능성 성분 시니그린

크레송의 매운맛 성분인 시니그린은 체내에 들어오면 효소의 기능으로 아릴이소티오시아네이트라는 물질로 바뀐다. 아릴이소티오시아네이트는 유채과 채소에 많이 함유되어 있는 성분으로 면역력을 높이고 항균, 암 억제와 같은 항산화 작용을 하는 것으로 알려져 있다. 매운맛을 만드는 성분이 몸속에서 이런 기능을 한다는 것이 놀랍다.

빈혈 예방에 효과적인

미나리

미나리는 녹황색 채소 중에서도 수분과 식이섬유를 많이 함유하고 있다. 그리고 파와 견줄 만큼의 베타카로틴을 함유하고 있는데, 베타카로틴은 강력한 항산화 작용을 하기 때문에 면역력을 높여주는 효과가 있다. 또한 미네랄류 중에서는 나트륨을 배출하여 혈압 상승을 막아주는 칼륨, 혈액 내의 헤모글로빈과 결합하여 빈혈을 예방하는 철분, 그리고 철분의 흡수를 돕는 동銅을 풍부하게 함유하고 있다. 빈혈을 예방하는 데 효과적인 비타민과 미네랄이 모두 들어있는 채소다.

주요 영양소

비타민 베타카로틴, 비타민 E, 비타민 K, 비타민 B군, 엽산, 비타민 C

미네랄 칼륨, 철분, 동

식이섬유

제철 12~4월

고르는 법 잎이 두툼하고 진한 녹색을 띠며 탄력 있는 것을 고른다.

효과 · 효능

빈혈 예방 | 혈액순환 촉진 | 고혈압 예방 | 동맥경화 예방

건강하게 먹는 팁

● 밑손질 **따로 쓴맛을 제거하지 않아도 된다**

야생 미나리는 쓴맛이 강하기 때문에 살짝 데친 뒤 물에 씻어 쓴맛을 제거해서 사용하지만, 요즘 슈퍼마켓에서 판매하는 미나리는 기본적으로 인공재배를 하기 때문에 따로 쓴맛을 제거하지 않아도 된다. 데치거나 물로 씻으면 수용성 비타민이 손실되므로 쓴맛을 제거하지 않고 그대로 조리해서 먹도록 한다.

● 좋은 음식 궁합 **단백질이 풍부한 식품과 함께 먹는다**

미나리에 함유되어 있는 철분(비헴철: 식물성 식품에 들어있는 철-옮긴이)은 흡수율이 낮기 때문에 단백질과 비타민 C가 다량 함유되어 있는 식품과 함께 섭취하면 체내 흡수율이 높아진다. 따라서 고기를 이용한 전골 요리에 활용할 것을 추천한다. 뿌리까지 함께 넣어 조리하면 다양한 식감을 즐길 수 있으며 독특한 풍미도 살릴 수 있다.

memo

기능성 성분 피라진

피라진은 혈액을 맑게 해주는 효과가 있다고 알려져 있는 미나리의 향 성분이다. 뿐만 아니라 피라진에는 혈액이 뭉치는 것을 방지하는 기능도 있어서 혈전이나 동맥경화, 심근경색 예방에도 도움이 된다. 전골 요리뿐만 아니라 볶음 요리, 튀김 등 미나리 향을 살릴 수 있는 요리에 활용하여 충분히 섭취하자.

여성에게 이로운 비타민 공급원

파슬리

비타민류와 미네랄류를 고루 풍부하게 함유하고 있는 파슬리는 어떤 채소보다도 영양가가 뛰어난 녹황색 채소다. 철분의 흡수율을 높여주는 비타민 C를 동시에 섭취할 수 있고, 적혈구 생성에 없어서는 안 되는 엽산도 풍부하게 함유하고 있어서 최고의 빈혈 예방 효과를 자랑한다. 소량만 먹어도 영양을 확실하게 섭취할 수 있어서 단지 요리에 함께 곁들이거나 구색을 맞추기 위해 사용하기에는 아까울 만큼 건강에 크게 도움이 되는 채소다.

주요 영양소

비타민 베타카로틴, 비타민 E, 비타민 K, 비타민 B군, 엽산, 비타민 C

미네랄 칼륨, 칼슘, 마그네슘, 철분, 아연

식이섬유

3~5월, 9~11월

고르는 법

선명한 녹색을 띠며 잎에 가늘게 주름이 잡혀있는 것을 고른다.

효과 · 효능

빈혈 예방 | 피부 미용 | 고혈압 예방 | 구취 예방

건강하게 먹는 팁

● 조리법 **다져서 소스로 만든다**

잘게 다지고 오일과 섞어서 소스로 만들어 저장해놓으면 언제든지 손쉽게 영양 만점 파슬리를 섭취할 수 있다. 파슬리의 향 성분인 아피올과 피넨은 식욕 증진 효과가 있을 뿐만 아니라 항균 작용, 식중독 예방 효과가 있어서 고기 요리나 생선 요리에 곁들이는 소스로 안성맞춤이다.

추천 레시피

파슬리 제노베제

재료(만들기 쉬운 분량) & 만드는 법

1 호두(무염) 20g은 잘게 다진다.

2 호두를 파슬리 잘게 다진 것 3큰술(약 10g), 마늘 간 것 1작은술, 치즈가루 2큰술, 올리브오일 3큰술, 소금 ½작은술, 후춧가루 약간과 함께 섞는다.

3 보관용기에 담아 냉장고에 넣어두면 일주일가량 보관할 수 있다.

(전량 562kcal, 염분 2.9g)

응용하기 고기나 생선 요리 소스로, 빵에 올려서, 감자샐러드 양념으로 응용한다.

생활습관병 대책으로 최고인

브로콜리

브로콜리는 비타민류와 미네랄류 함유량이 풍부할 뿐만 아니라 다양한 기능성 성분이 있으며, 강한 항산화 능력과 높은 영양 밀도를 가진 채소다. 미국 국립암연구소가 작성한 '암 예방을 기대할 수 있는 식품(디자이너스 푸드 피라미드)'의 상위에 오를 정도며, 암 예방뿐만 아니라 당뇨병과 고혈압 같은 생활습관병을 예방하고 개선하는 데도 효과가 있다.

비타민 베타카로틴, 비타민 E, 비타민 K, 비타민 B군, 엽산, 비타민 C

미네랄 칼륨, 철분

식이섬유

단백질

11~3월

봉오리가 벌어져 있지 않고 촘촘하게 모여있으며 짙은 녹색을 띠고, 줄기 단면의 색이 변하지 않은 것을 고른다.

효과 · 효능

고혈압 예방 / 암 예방 / 노화 방지 / 장내 환경 개선

건강하게 먹는 팁

● 밑손질 줄기는 껍질을 두껍게 벗긴다

브로콜리는 봉오리 못지않게 줄기에도 영양이 풍부하다. 따라서 줄기까지 남김없이 섭취하는 것이 좋은데, 줄기 표면이 딱딱해서 그대로 먹으면 식감이 떨어지므로 껍질을 두껍게 벗긴 뒤에 사용해보자. 껍질을 벗긴 뒤에는 먹기 좋은 크기로 썰어서 봉오리와 함께 조리하면 된다.

● 조리법 데치지 말고 찐다

브로콜리에 함유되어 있는 수용성 비타민의 유실을 막으려면 소량의 끓는 물에 쪄서 먹는 것이 좋다. 브로콜리 한 송이를 찌는 경우, 냄비에 브로콜리와 소금 4큰술을 넣은 뒤 뚜껑을 덮고 중불에서 3~4분간 가열하면 된다. 이렇게 하면 브로콜리 맛도 싱겁지 않고 식감도 적당히 좋아진다.

memo

기능성 성분 설포라판

설포라판은 브로콜리의 매운맛 성분으로 간의 해독 작용을 높이고 강력한 항암 작용을 하는 기능성 성분으로도 잘 알려져 있다. 사실 브로콜리보다 설포라판이 많이 함유되어 있다고 알려진 방울양배추는 채소 매장의 인기 상품이다.

피로 회복 효과가 뛰어난

그린 아스파라거스

녹황색 채소로 분류되는 그린 아스파라거스는 항산화 작용을 하는 베타카로틴을 비롯하여 빈혈 예방에 효과가 있는 엽산, 장내 환경 개선에 없어서는 안 되는 식이섬유, 올리고당 등을 풍부하게 함유하고 있다. 또한 아스파라거스 특유의 감칠맛을 내는 아스파라긴산은 신진대사를 활발하게 하여 불안감과 불면증을 해소하는 효과도 있는 것으로 알려져 있다. 그린 아스파라거스의 봉오리 끝에 함유되어 있는 루틴(플라보노이드의 일종-옮긴이)은 혈관을 튼튼하게 해주는 기능이 있다.

주요 영양소 | **비타민** 베타카로틴, 비타민 E, 비타민 B군, 엽산, 비타민 C | **미네랄** 칼륨, 철분 **식이섬유**

5~6월

고르는 법 선명한 녹색을 띠며 전체적으로 탄력 있는 것을 고른다. 봉오리 끝이 쪼글쪼글한 것은 피한다.

효과 · 효능

빈혈 예방 | 고혈압 예방 | 피로 회복 | 불면증 해소

건강하게 먹는 팁

● 밑손질 **전자레인지로 데친다**

비타민 C와 루틴은 수용성이기 때문에 많은 양의 끓는 물에 장시간 데치면 영양소가 다 빠져나가 버린다. 샐러드나 무침을 하기 위해 미리 데쳐야 하는 경우에는 전자레인지로 가열하는 것이 효율적이다.

● 조리법 **걸쭉하게 만든다**

아스파라거스를 고기나 생선과 함께 볶은 뒤 다량의 양념장이나 수프를 더해 가미할 때는 마지막 단계에서 녹말가루를 넣어 걸쭉하게 만들어주면 양념장과 수프에 녹아 나온 영양소를 효율적으로 섭취할 수 있다.

memo

그린 아스파라거스와 화이트 아스파라거스의 차이

그린 아스파라거스와 화이트 아스파라거스가 사실은 같은 종류라는 것을 알고 있는가? 이 둘은 같은 종류지만, 화이트 아스파라거스는 흙을 덮어 햇볕을 쪼이지 않고 키우기 때문에 그린 아스파라거스에 비해 영양가가 낮다. 단, 화이트 아스파라거스에는 특유의 감칠맛이 있으므로 제철의 맛으로 식탁에 올리면 좋은 채소 중 하나다.

피로 회복과 스태미나 증진을 위한

풋강낭콩은 강낭콩이 익지 않은 상태의 꼬투리로, 녹황색 채소와 콩류의 영양적인 특징을 두루 가지고 있다. 항산화 작용을 하는 베타카로틴, 비타민 B군, 식이섬유 등을 포함하여 종합적으로 고르게 영양을 함유하고 있다. 특히 탄수화물, 지방, 단백질의 에너지대사를 돕는 비타민 B군이 풍부해서 피로를 회복하고 스태미나를 증진시키는 효과를 발휘한다.

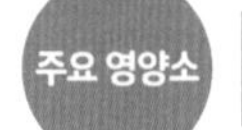

비타민 베타카로틴, 비타민 K, 비타민 B군 | **미네랄** 칼륨, 칼슘, 철분 **식이섬유**

6~9월

고르는 법

꼬투리가 선명한 녹색을 띠며 끝이 시들지 않은 것을 고른다.

효과 · 효능

피부 미용 | 불면증 해소 | 피로 회복 | 장내 환경 개선

건강하게 먹는 팁

● 조리법 **기름을 끼얹어서 먹는다**

풋강낭콩에 함유되어 있는 베타카로틴은 기름과 함께 섭취하면 흡수율이 높아진다. 따라서 샐러드로 먹을 때는 기름이 들어간 드레싱을 끼얹어서 먹는 것이 효과적이다. 또한 조미료를 쓰기보다 지방을 함유하고 있는 참깨나 견과류를 갈거나 으깨서 풋강낭콩을 찍어 먹으면 영양가 높은 반찬이 된다.

● 좋은 음식 궁합 **식이섬유가 풍부한 다른 식재료와 함께 먹는다**

풋강낭콩처럼 식이섬유가 풍부한 식재료와 함께 먹으면 변비를 개선하거나 예방하는 데 효과적이다. 톳이나 다시마 같은 해조류, 낫토를 비롯한 대두가공식품은 식이섬유를 많이 함유하고 있을 뿐만 아니라 맛의 궁합도 좋기 때문에 풋강낭콩과 함께 샐러드나 볶음 요리로 만들어서 섭취하면 좋다.

memo

아스파라긴산

아스파라긴산은 체내에서는 합성되지 않는 필수아미노산의 일종으로, 풋강낭콩이나 아스파라거스에 함유되어 있는 영양소다. 체내 에너지대사를 촉진하기 때문에 피로 회복, 스태미나 증진에 효과적일 뿐만 아니라, 단백질 합성을 도와 신진대사를 활발하게 만드는 기능도 있어서 피부 미용에도 큰 역할을 한다.

면역력 향상과 원기 회복을 돕는

스냅완두콩

콩이 익어도 꼬투리가 딱딱해지지 않는 품종의 완두콩을 크기 전에 수확한 것이 스냅완두콩이다. 꼬투리와 콩을 모두 먹기 때문에 식감이 좋다. 녹황색 채소로 분류되며, 베타카로틴과 비타민 C가 풍부하기 때문에 영양가가 높다. 또한 흔히 부족한 필수아미노산을 함유하고 있어 면역력 향상도 기대할 수 있다. 식이섬유 함유량도 높아서 장내 환경 개선에 효과가 있는 것으로 알려져 있다.

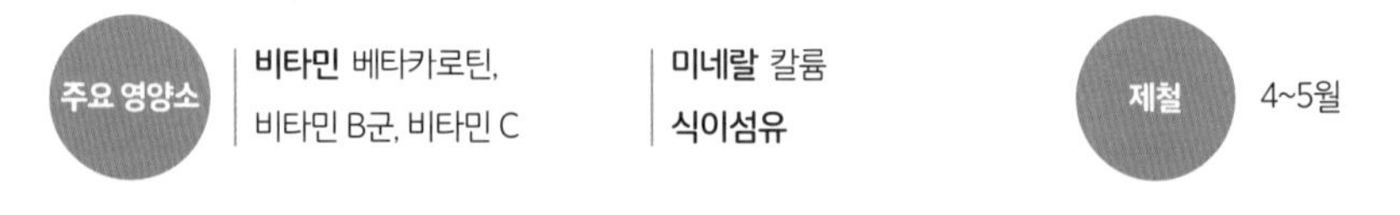

고르는 법 선명한 녹색을 띠며 전체적으로 탄력 있고 솜털이 곧게 서 있는 것을 고른다.

효과 · 효능

피부 미용 / 장내 환경 개선 / 피로 회복 / 변비 해소

건강하게 먹는 팁

● 밑손질 **데치지 말고 찐다**

스냅완두콩은 영양가가 높기 때문에 간단한 샐러드로 만들어 먹어도 다양한 영양소를 골고루 섭취할 수 있다. 샐러드로 만들 때는 적은 수분으로 찜구이(밀폐된 용기에 식재료를 넣고 열을 가해 찐 요리-옮긴이)를 만들어 먹으면 좋다. 이렇게 먹으면 비타민 C의 유출을 최소화할 수 있으며 콩의 단맛도 살아난다.

● 좋은 음식 궁합 **매실이나 레몬으로 구연산을 함께 섭취한다**

마요네즈(기름)를 기본으로 한 딥 소스(튀김이나 빵, 과자 따위를 찍어 먹는 소스-옮긴이)에 찍어서 먹으면 베타카로틴의 흡수율이 높아진다. 딥에 매실장아찌의 과육이나 레몬 등을 섞으면 비타민 C와 구연산의 조합이 되어 피로 회복 효과도 기대할 수 있다.

memo

완두콩의 종류

완두콩은 수확 시기에 따라 부르는 이름이 달라진다. 완두콩을 미리 수확하여 어린 꼬투리를 먹는 '청대완두'는 비타민 C와 식이섬유가 풍부하다. 완두콩의 꼬투리는 먹지 않고 익지 않은 열매만 먹는 '그린피스'는 전분, 단백질 등이 풍부하며 탄수화물은 청대완두의 2배 이상 함유하고 있다. 종류에 따라 영양가도 달라지므로 알아두면 도움이 된다.

면역력 향상에 효과적인

완두콩 새싹

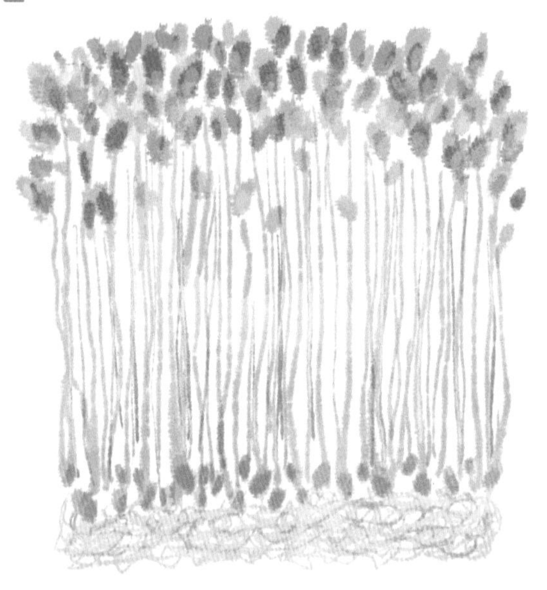

완두콩 새싹은 최근 인기를 끌고 있는 중국 채소로, 완두콩을 발아시켜서 어린잎과 줄기를 먹는다. 상큼한 풍미와 아삭아삭한 식감, 부담 없는 가격에 영양가도 높아서 많은 인기를 끌고 있다. 비타민류와 미네랄류를 모두 함유하고 있어 특히 면역력을 높여주며, 강력한 항산화 작용을 하는 베타카로틴과 비타민 C가 풍부하다. 날로 샐러드나 무침으로 만들어 먹어도 좋으며 살짝 볶아 먹어도 맛있는 채소다.

주요 영양소

비타민 베타카로틴, 비타민 E, 비타민 K, 비타민 B군, 엽산, 비타민 C

미네랄 칼륨, 철분

식이섬유

제철 연중

고르는 법 잎이 탄력 있고 짙은 녹색을 띠며 끝이 곧게 서 있는 것을 고른다.

효과 · 효능

피부 미용 / 피로 회복 / 혈액순환 촉진 / 장내 환경 개선

건강하게 먹는 팁

● 조리법 1 **익히지 않고 샐러드로 먹는다**

완두콩 새싹은 날로 먹을 수 있으므로 살짝 씻어서 드레싱을 뿌리면 바로 영양 만점의 샐러드가 완성된다. 간단할 뿐만 아니라 영양소의 손실 없이 통째로 섭취할 수 있다는 장점도 있다.

● 조리법 2 **기름과 함께 조리한다**

베타카로틴을 효율적으로 섭취하기 위해 기름과 함께 조리하는 것도 좋은 방법이다. 볶음 요리를 할 때는 완두콩 새싹 특유의 식감이 손상되지 않도록 살짝 볶는 것이 포인트다. 지나치게 오래 볶으면 식감이 떨어질 뿐만 아니라 포만감도 없어지므로 주의한다.

memo

완두콩 새싹은 집에서 재수확할 수 있다

완두콩 새싹은 잎과 줄기를 먹고 난 뒤 뿌리가 남아있으면 집에서 2~3회 다시 수확해서 먹을 수 있다. 물을 얕게 채운 용기에 남은 뿌리 부분을 넣고 직사광선을 피해 1~2주일가량 놔두면 구입했을 때와 같은 크기로 성장한다. 완두콩 새싹을 집에서 키울 때 중요한 것은 단 한 가지, '물'이다. 신선도가 떨어지지 않도록 매일 갈아주어야 한다.

암 예방에 효과적인

새싹채소 (스프라우트)

스프라우트는 새싹채소를 총칭하는 말로 무순, 브로콜리 싹, 겨자 싹, 적채 싹, 메밀 싹 등 다양한 종류가 있으며, 완두콩 새싹도 그중 하나다. 앞으로 크게 성장하기 위해 필요한 영양소를 가장 많이 축적하고 있는 상태로, 발아 시에 생성되는 식물호르몬의 기능 덕분에 영양가가 월등히 높아진다. 최근에는 암 예방 효과가 뛰어난 성분을 함유하고 있는 채소로 브로콜리와 스프라우트가 크게 주목을 받고 있다.

주요 영양소

비타민 베타카로틴, 비타민 E, 비타민 K, 비타민 B군, 비타민 C

미네랄 칼륨, 철분

식이섬유

제철 연중

고르는 법 싹이 싱싱하고 탄력 있으며 색이 변하지 않은 것을 고른다.

효과 · 효능

피부 미용 | 식욕 증진 | 암 예방 | 소화불량 해소

건강하게 먹는 팁

● 좋은 음식 궁합 **라면에 고명으로 올린다**

스프라우트는 날로 먹을 수 있으며 상큼한 매운맛과 풍미가 있으므로 라면의 고명으로 잘 어울린다. 다양한 영양 성분을 함유하고 있는 스프라우트를 토핑으로 사용하면 인스턴트식품에서는 섭취할 수 없는 영양소를 효율적으로 보충할 수 있다.

memo

설포라판 성분은 가열해도 줄지 않는다

스프라우트의 매운맛 성분인 설포라판은 간 해독 작용을 높이고 강력한 항암 작용을 하는 기능성 성분이다. 열에 강하기 때문에 볶음 요리에 사용해도 문제없이 영양분을 섭취할 수 있다. 또는 볶음 요리를 만든 뒤 파 대신 새싹채소를 얹어주면 색감도 좋아지며 영양가도 높아진다.

제철 채소 확실하게 챙겨 먹기

간의 부담을 줄여주는

깍지콩

대두가 완숙되기 전에 수확해 녹색의 덜 익은 열매가 깍지콩이다. 대두와 녹황색 채소의 영양을 두루 함유하고 있는 건강 채소로 잘 알려져 있다. 대두와 마찬가지로 탄수화물(당질, 식이섬유)과 양질의 단백질 외에도 비타민 B군, 비타민 C, 칼슘 등이 풍부하다. 또한 다른 녹황색 채소에는 없는 대두 고유의 이소플라본, 사포닌, 레시틴 등의 성분도 함유하고 있어, 여성호르몬 감소로 인한 갱년기 증상을 완화하는 데도 효과적이다.

주요 영양소

비타민 베타카로틴, 비타민 E, 비타민 B군, 엽산, 비타민 C

미네랄 칼륨, 칼슘, 마그네슘, 철분, 아연

식이섬유

당질

단백질

제철 7~9월

고르는 법

깍지가 선명한 녹색을 띠는 것이 좋다. 가지가 붙어있는 경우에는 깍지가 촘촘하게 모여있는 것을 고른다.

효과 · 효능

고혈압 예방

피로 회복

갱년기 증상 개선

숙취 감소

건강하게 먹는 팁

● 조리법 **데치는 것보다는 쪄서 먹는다**

깍지콩에 풍부하게 함유되어 있는 비타민 B군, 비타민 C 등은 수용성이기 때문에 많은 양의 끓는 물에 데치는 것보다는 소량의 물로 쪄서 먹으면 영양소 손실을 최소화할 수 있다. 만일 데쳐야 하는 경우에도 장시간 가열하는 것은 절대 금지다. 여분의 열로 뜨거운 김을 쏘이는 정도로 신속하게 데쳐서 체에 밭친다. 너무 장시간 데치면 영양소가 손실될 뿐만 아니라 감칠맛도 사라지므로 주의한다.

memo

최고의 맥주 안주 깍지콩

여름철 맥주 안주로는 역시 깍지콩이 제일 먼저 떠오른다. 제철 깍지콩과 함께 마시는 맥주는 그야말로 최고인데, 사실 이 조합은 숙취 방지를 위해 효과적인 조합이기도 하다. 왜냐하면 깍지콩에는 신진대사를 활발하게 하는 비타민 B군과 알코올 분해를 촉진하는 아미노산의 일종인 메티오닌 등의 성분이 함유되어 있기 때문이다. 맥주를 마실 때 깍지콩을 준비하면 숙취를 예방하거나 감소시킬 수도 있다.

깍지콩 홍고추 볶음

재료(2인분) & 만드는 법

1 볼에 깍지콩(콩깍지가 있는 것) 200g과 소금 1큰술을 넣고 손으로 조물조물한 뒤 물에 살짝 씻는다. 홍고추 2개는 반으로 갈라서 씨를 빼낸다. 마늘 2쪽은 잘게 다진다.

2 프라이팬에 올리브오일 1큰술을 넣고 중불로 달군 뒤 깍지콩을 볶는다. 깍지콩에 올리브오일이 어느 정도 스며들었을 때 물 3큰술을 넣고 뚜껑을 덮는다. 가끔씩 섞어주면서 4~5분간 찜구이를 한 뒤 올리브오일 1큰술, 마늘, 홍고추를 넣고 볶는다. 향이 나기 시작하면 소금, 후춧가루를 약간 넣어 간을 맞춘다.

(1인분 141kcal, 염분 0.5g)

깍지콩 홍고추 볶음을 맛있게 만드는 비법

1. 콩깍지가 있는 깍지콩을 소금으로 조물조물하여 콩깍지 표면에 있는 솜털을 제거한다. 이 작은 수고를 더하면 콩깍지를 그대로 먹어도 입맛이 좋아진다. 또한 깍지콩을 데칠 때 소금으로 조물조물한 뒤 씻어내지 않고 그대로 끓는 물에 넣으면 밑간을 따로 할 필요가 없다.

2. 먼저 깍지콩을 볶은 뒤 그 팬에 찜구이를 하면 향긋한 풍미가 더해지고 맛도 더 어우러진다. 또한 깍지콩이 익은 뒤에 마늘과 홍고추를 넣으면 마늘을 태울 염려 없이 향을 살리면서 요리를 완성할 수 있다.

함께 알아두면 좋은 '누에콩'

깍지콩이 완숙되기 조금 전인 4~6월에 나오는 것이 바로 누에콩이다. 깍지콩과 마찬가지로 단백질뿐만 아니라 비타민 B군과 비타민 C와 같은 비타민류, 칼륨, 철분, 동과 같은 미네랄류를 풍부하게 함유하고 있다. 콩깍지를 벗겨내면 바로 신선도가 떨어지므로 곧바로 조리해야 한다.

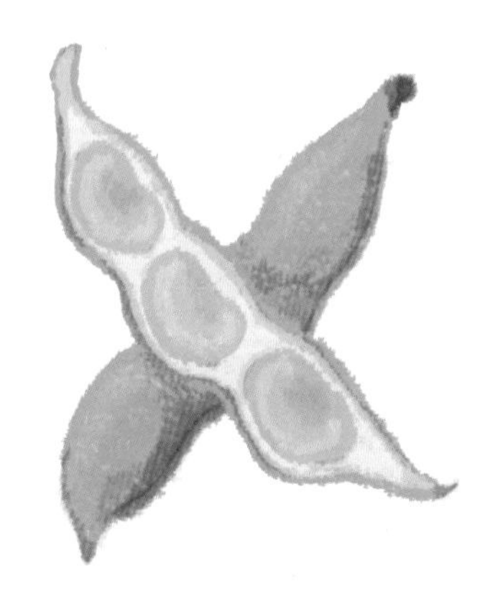

영양가 높은

아보카도

아보카도는 채소는 아니지만 숲속의 버터라고 불릴 만큼 맛이 깊고 영양가가 높아 채소처럼 요리에 많이 쓰인다. 지질이 풍부하며, 아보카도에 함유되어 있는 불포화지방산의 일종인 올레인산(대부분 동식물유 속에 함유되어 있으며, 동백기름이나 올리브유 등의 주성분이다-옮긴이)에는 나쁜 콜레스테롤 수치와 중성지방을 낮추는 기능이 있다. 또한 강한 항산화 작용으로 회춘을 위한 비타민이라고도 불리는 비타민 E 함유량이 월등하게 많다는 것도 큰 매력이다. 단, 고칼로리 식품이므로 과다 섭취는 피하도록 한다.

비타민 비타민 E, 비타민 B군, 엽산, 비타민 C
미네랄 칼륨, 철분
식이섬유
지질

연중

껍질에 윤기가 나고 탄력이 있는 것을 고른다. 잘 익은 것일수록 껍질 색이 검다.

효과 · 효능

동맥경화 예방 | 혈액순환 촉진 | 피로 회복 | 피부 미용

건강하게 먹는 팁

● 좋은 음식 궁합 1 **비타민 C가 풍부한 식재료와 함께 먹는다**

아름다운 피부를 만드는 데 효과적인 비타민 E를 함유하고 있는 아보카도에는 비타민 C가 풍부한 파프리카나 레몬 등을 곁들이는 것을 추천한다. 한편 아보카도에 레몬즙을 뿌려놓으면 변색을 방지하는 효과가 있으므로 아보카도로 샐러드나 무침을 만들 때는 반드시 레몬을 활용하도록 하자.

● 좋은 음식 궁합 2 **참치나 간과 함께 먹는다**

비타민 B군이 풍부한 아보카도는 고혈압이나 뇌경색 예방에도 효과가 있는 식재료다. 참치나 간은 철분을 많이 함유하고 있으므로 함께 먹으면 혈액순환 촉진, 냉증 개선과 같은 효과를 기대할 수 있다.

memo

불포화지방산

생선류나 식물성 지방에 많이 함유되어 있는 지방산으로 구조에 따라 n-9계, n-3계 등으로 나뉜다. 아보카도에 함유되어 있는 올레인산은 n-9계로 분류되며 콜레스테롤 수치를 낮추는 기능이 있는 것으로 알려져 있다. 한편 고등어, 정어리 등의 등 푸른 생선에 많이 함유되어 있는 에이코사펜타엔산(EPA: DHA, DPA와 함께 음식물을 통해 섭취해야 하는 불포화지방산-옮긴이), 도코사헥사엔산(DHA: 주로 등 푸른 생선에 많이 함유되어 있는 고도 불포화지방산-옮긴이)은 n-3계로 분류되며 혈액이 뭉치는 것을 방지하거나 뇌 기능을 활성화시키는 효과가 있어서 주목을 받고 있다.

비타민 ACE의 보고

피망

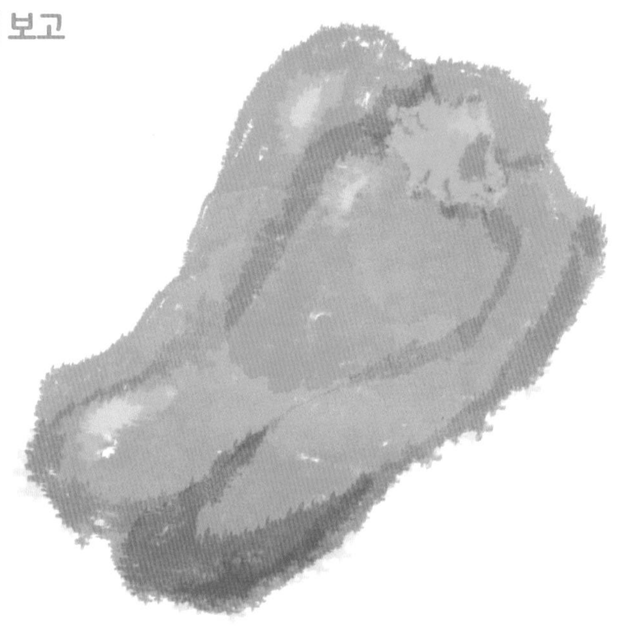

피망은 고추와 같은 종류로, 흔히 알려져 있는 청피망은 덜 익은 상태에서 수확된 것이다. 덜 익었지만 영양가는 월등하게 높으며, 항산화 작용을 하는 비타민 ACE(에이스)를 풍부하게 함유하고 있다. 특히 비타민 C 함유량은 토마토의 약 5배에 달한다. 뿐만 아니라 피망에 함유되어 있는 비타민 C는 섬유조직으로 완벽하게 보호되어 있기 때문에 가열해도 잘 손실되지 않는다.

주요 영양소

비타민 베타카로틴, 비타민 E, 비타민 C

미네랄 칼륨

식이섬유

6~9월

고르는 법

껍질이 탄력 있고 광택이 나며, 꼭지 부분이 변색되지 않은 것을 고른다.

효과 · 효능

동맥경화 예방 혈액순환 촉진 피로 회복 피부 미용

건강하게 먹는 팁

● 좋은 음식 궁합 **단백질이 풍부한 식재료와 함께 먹는다**

비타민 C가 풍부한 피망은 닭가슴살이나 돼지등심처럼 양질의 단백질을 충분히 함유하고 있는 고기와 함께 먹으면 좋다. 이렇게 먹으면 비타민 C 흡수율이 높아져 피부 미용 효과를 기대할 수 있다.

● 조리법 **기름에 볶아 먹는다**

피망에 함유되어 있는 비타민 C는 가열해도 잘 파괴되지 않으며, 기름과 함께 섭취하면 베타카로틴과 비타민 E의 흡수율이 높아지므로, 올리브오일이나 참기름 등으로 볶아 먹으면 좋다. 기름에 볶으면 피망의 풋내도 누그러져 먹기도 수월하다.

memo

청피망과 홍피망의 차이

서로 품종이 다른 것으로 잘못 알고 있는 사람이 많은데, 홍피망은 청피망을 완숙시킨 것이다. 같은 피망이지만 시간이 지나면서 맛뿐만 아니라 영양가도 달라진다는 사실이 흥미롭다. 참고로 홍피망은 청피망에 비해 베타카로틴 함유량이 많으며 풋내가 덜하고 단맛이 많이 난다.

저칼로리를 자랑하는

주키니호박

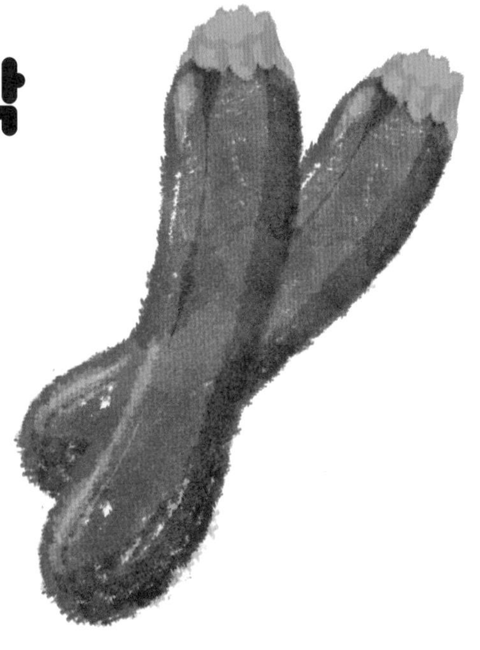

두꺼운 오이처럼 생긴 주키니호박은 단호박과 같은 종류에 속한다. 덜 익었을 때 수확하기 때문에 수분이 많고, 영양 면에서 봤을 때는 단호박보다 오이에 가까우며, 비타민류 중에서는 베타카로틴과 비타민 C를 함유하고 있다. 주요 영양소로는 과다 섭취한 체내의 나트륨을 배출하고 고혈압을 예방하는 데 효과가 있는 칼륨의 함유량이 비교적 많다. 저칼로리면서 맛이 무난해 다양한 요리에 활용하기 좋은 채소다.

주요 영양소 | **비타민** 베타카로틴, 비타민 C | **미네랄** 칼륨

제철 6~8월

고르는 법 껍질이 탄력 있고 광택이 나며 매끄러운 것을 고른다.

효과 · 효능

동맥경화 예방 / 혈액순환 촉진 / 피로 회복 / 피부 미용

건강하게 먹는 팁

● 조리법 **기름에 볶아 먹는다**

주키니호박에 함유되어 있는 베타카로틴은 기름과 함께 섭취하면 흡수율이 높아지므로 올리브오일에 볶거나 구운 주키니호박에 올리브오일을 끼얹어서 먹으면 좋다. 제대로 볶거나 구우면 주키니호박의 단맛이 살아나 풍미도 증가한다.

● 좋은 음식 궁합 **견과류와 함께 먹는다**

주키니호박에 함유되어 있는 베타카로틴은 강한 항산화 작용을 하므로, 베타카로틴처럼 강한 항산화 효과가 있는 비타민 E를 함유한 견과류를 곁들여 볶음 샐러드로 만들어 먹으면 피부 미용 효과가 높아진다. 견과류 믹스를 다져 주키니호박과 함께 올리브오일에 살짝 볶으면 완성된다.

memo

노란 주키니호박

주키니호박에는 흔히 알려진 녹색 외에도 노란색, 검은색 등 몇 가지 종류가 있다. 모두 같은 맛이며 영양가 면에서도 큰 차이가 없으므로 녹색 주키니와 같은 방법으로 요리에 활용하면 된다. 참고로 이탈리아에는 주키니호박꽃 안에 고기를 채워 넣은 요리도 있다.

위장을 보호하는

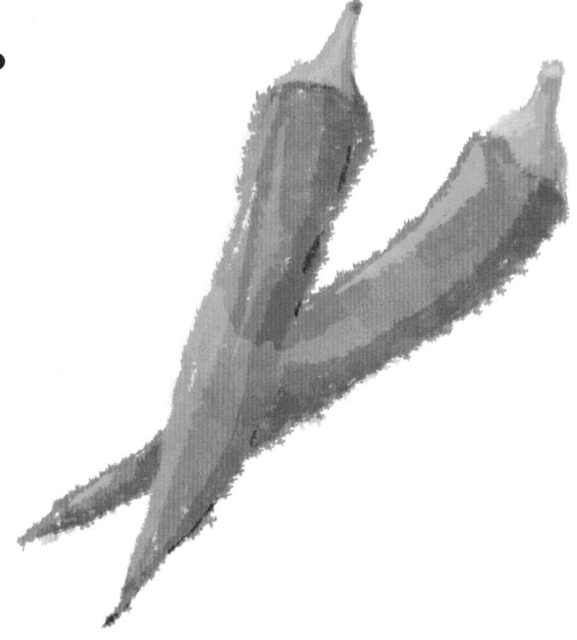

오크라는 베타카로틴, 비타민 B군, 엽산 같은 비타민류와 칼륨 같은 미네랄류뿐만 아니라 식이섬유도 풍부하다. 면역력을 높여주는 녹황색 채소로 유명한 오크라의 영양 성분 중 특히 주목할 것은 특유의 끈적거리는 성질을 만드는 펙틴(세포를 결합하는 작용을 하는 수용성 식이섬유-옮긴이)과 뮤신(당질과 결합한 복합단백질-옮긴이)이다. 펙틴에는 콜레스테롤을 줄여주는 효과가 있으며, 뮤신에는 위 점막을 보호하고 소화를 촉진하는 기능이 있다.

주요 영양소

비타민 베타카로틴, 비타민 E, 비타민 K, 비타민 B군, 엽산, 비타민 C

미네랄 칼륨, 칼슘, 철분, 마그네슘

식이섬유

제철 7~9월

고르는 법 선명한 녹색을 띠며, 솜털이 촘촘하게 나 있고, 꼭지가 거무스름하지 않은 것을 고른다.

효과 · 효능

고혈압 개선 | 혈당치 개선 | 장내 환경 개선 | 위궤양 예방

건강하게 먹는 팁

● 밑손질 **잘게 다지거나 두들긴다**

끈적거리는 성분인 펙틴과 뮤신은 오크라를 잘게 다지거나 두들기면 많이 빠져나오는 성질이 있다. 점성이 생기면 먹기도 편해지는 장점도 있다.

● 좋은 음식 궁합 **탄수화물과 함께 먹는다**

오크라의 끈적거리는 성분인 펙틴에는 당의 흡수를 억제하는 기능도 있다. 이러한 특성을 살려 소면이나 밥과 함께 먹으면 혈당치가 상승하는 것을 억제할 수 있다. 또한 오크라에 어묵이나 두부 같은 단백질을 함유한 식재료를 토핑으로 사용하면 영양을 균형 있게 섭취할 수 있다.

memo

오크라는 날로 먹어도 될까?

오크라는 날로 먹을 수 있는 채소지만, 신선할수록 솜털이 많이 나 있으므로, 소금을 뿌리고 도마에 굴려서 간이 밸 수 있게 밑손질을 한 뒤 조리하면 좋다. 도마에 오크라를 올려놓고 소금을 적당량 뿌린 뒤 손바닥으로 누르면서 앞뒤로 굴리기만 하면 된다. 이렇게 밑손질을 해놓으면 솜털이 제거되고 오크라 표면의 조직도 파괴되어 맛이 잘 밴다.

부종을 개선하는

오이

오이는 표면은 녹색이지만 속이 희기 때문에 담색 채소로 분류된다. 싱싱하고 아삭한 식감이 특징이며 식욕이 떨어지는 여름철 식탁에 없어서는 안 되는 채소 중 하나다. 성분의 90% 이상이 수분이기 때문에 영양가가 없다고 생각하기 쉽지만, 비타민류 중에서는 베타카로틴과 비타민 C, 미네랄류 중에서는 칼륨이 풍부하다. 칼륨은 이뇨 작용을 원활하게 하여 부종과 나른함을 해소해주는 효과가 있다.

주요 영양소 | **비타민** 베타카로틴, 비타민 C | **미네랄** 칼륨

제철 5~8월

고르는 법 꼭지의 단면이 거무스름하지 않고, 표면의 돌기가 선명한 것을 고른다.

효과 · 효능

부종 해소 | 고혈압 예방 | 이뇨 작용

건강하게 먹는 팁

● 조리법 1 **누카즈케로 만들어 먹는다**

오이를 누카즈케(쌀겨에 소금을 넣고 반죽하여 띄운 된장에 채소를 절인 것-옮긴이)로 만들어 먹으면 비타민 B군, 비타민 K와 같은 누카즈케의 영양소가 오이에 빠르게 스며든다. 하룻밤만 절여놓으면 피로 회복 효과를 기대할 수 있는 멋진 요리로 대변신한다. 이렇게 먹으면 장내 환경을 조절하는 유산균도 함께 섭취할 수 있어 일석이조의 효과를 얻을 수 있다.

● 조리법 2 **양념에 식초를 사용한다**

오이에 함유되어 있는 아스코르비나아제라는 효소는 비타민 C를 파괴한다고 알려져 있는데, 이런 기능을 억제해주는 것이 식초다. 오이를 주로 다른 채소와 곁들여 샐러드나 초무침으로 활용하는 것은 바로 이런 이유 때문이다.

memo

몸은 왜 붓는 것일까?

칼륨이 부족하면 나트륨 조절이 되지 않기 때문에 세포는 나트륨 농도를 낮추려고 수분을 몸속으로 집어넣는다. 그 결과 혈관 속과 몸의 다른 조직에 수분이 증가하여 부풀어 있는 상태가 부종이다. 칼륨을 확실하게 섭취하면 체내에 과다하게 들어있던 나트륨이 배출되어 필요 이상으로 수분을 섭취할 필요가 없어지므로 부종을 개선할 수 있다.

제철 채소 확실하게 챙겨 먹기

더위를 이기는 강력한 무기

여주

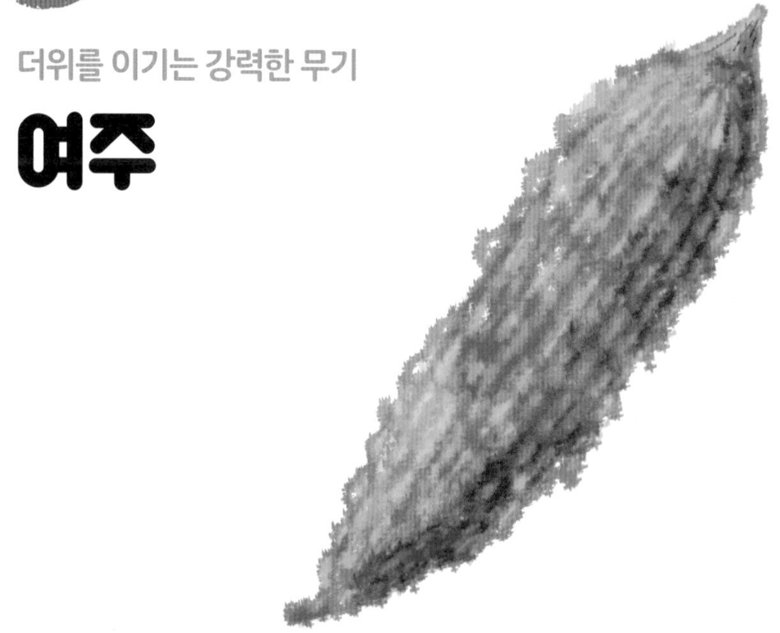

독특한 쓴맛을 가지고 있는 여주는 선명한 녹색을 띠지만 베타카로틴의 함유량이 적어 담색 채소로 분류된다. 여주에 많이 함유되어 있는 비타민 C는 단시간에 가열하면 쉽게 손실되지 않는다는 특징이 있다. 노화 방지에 도움이 되는 비타민 E와 식이섬유도 풍부하며, 더위를 먹었을 때 증상을 개선하는 데 효과적인 영양소를 함유하고 있는 채소다.

고르는 법 선명한 녹색을 띠며, 돌기가 선명한 것을 고른다. 돌기 부분이 거무스름한 것은 피한다.

효과 · 효능

피로 회복 | 식욕 증진 | 피부 미용 | 열사병 방지

건강하게 먹는 팁

● 조리법 **익히지 않고 샐러드로 먹는다**

여주에 함유되어 있는 비타민 C는 열에 강한 성질을 가지고 있지만, 효율적으로 섭취하기 위해 가장 좋은 방법은 날로 먹는 것이다. 소금을 가볍게 뿌려 조물조물하는 등 여주 특유의 쓴맛을 누그러트리는 밑손질만 확실하게 해놓으면 샐러드로 만들었을 때 여주의 아삭아삭한 식감을 충분히 즐길 수 있다.

비타민 C 듬뿍

추천 레시피

여주 어육소시지 가다랭이포 샐러드

재료(2인분) & 만드는 법

1 여주 ½개(약 150g)는 세로로 반 잘라서 속과 씨를 제거하고 얇게 썬 뒤, 소금을 약간 뿌리고 잠시 놔둔다. 어육소시지 1개(약 70g)는 세로로 반 자른 뒤 어슷썰기 한다.

2 볼에 여주와 어육소시지를 넣는다. 가다랭이포 1g, 맛간장(2배 희석)과 참기름 각각 1큰술을 넣고 무친다.

3 그릇에 담고 가다랭이포 1g을 뿌린다.

(1인분 135kcal, 염분 1.2g)

영양이 가득한 스태미나 채소

부추

부추는 비타민류와 미네랄류를 골고루 함유하고 있는 녹황색 채소다. 베타카로틴 함유량이 압도적으로 많으며 비타민 E, 비타민 K, 비타민 B군, 비타민 C도 풍부하게 함유하고 있다. 부추의 강렬한 향은 유화아릴(알리신)이라는 향기 성분에 의한 것인데, 이 성분에는 비타민 B_1의 흡수율을 높이고 당의 에너지대사를 촉진하는 기능이 있어 더위를 나기 위한 스태미나 증진에 효과적인 채소다.

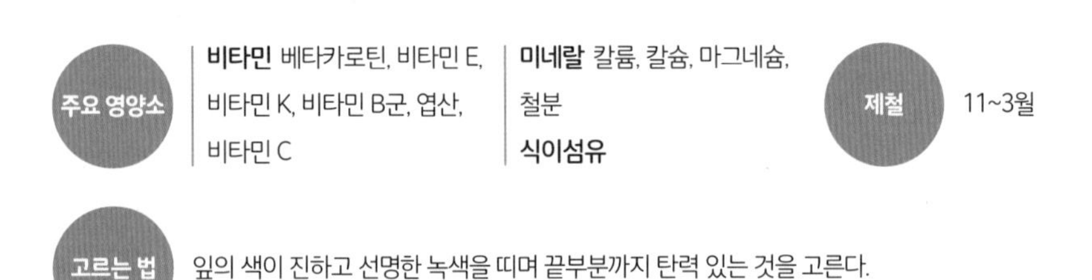

주요 영양소

비타민 베타카로틴, 비타민 E, 비타민 K, 비타민 B군, 엽산, 비타민 C

미네랄 칼륨, 칼슘, 마그네슘, 철분

식이섬유

제철 11~3월

고르는 법 잎의 색이 진하고 선명한 녹색을 띠며 끝부분까지 탄력 있는 것을 고른다.

효과 · 효능

열사병 방지

피로 회복

혈액순환 촉진

냉증 개선

건강하게 먹는 팁

● 조리법 **밑동은 버리지 않는다**

부추 밑동은 향기 성분인 유화아릴(알리신)을 잎의 끝부분보다 4배 더 함유하고 있으므로 절대 버리지 말고 잎 끝부분과 함께 조리해서 남김없이 먹도록 하자. 또한 알리신에는 비타민 B군의 흡수율을 높여주는 기능이 있으므로 돼지고기나 간을 곁들이면 2가지 영양소를 모두 효율적으로 섭취할 수 있다.

추천 레시피

부추 생강 양념장

재료(만들기 쉬운 분량) & 만드는 법

1 부추 1묶음(약 100g)은 잘게 썬다.

2 볼에 잘게 썬 부추와 생강 잘게 다진 것 1큰술, 흰깨 2큰술을 넣고 간장 2큰술, 식초 3큰술, 설탕과 참기름 각각 1큰술, 소금 ½작은술을 넣어 잘 섞는다.

3 밀폐용기에 담아 냉장고에 넣어두면 3~4일간 보관할 수 있다.

(전량 262kcal, 염분 7.7g)

응용하기 돼지 샤부샤부, 스테이크, 찜닭, 우동, 소면 등에 양념장을 얹어서 먹는다.

상큼한 향이 식욕을 돋우는

푸른 차조기

회에 곁들이는 단골 채소인 푸른 차조기는 비타민류와 미네랄류를 골고루 함유하고 있는 녹황색 채소다. 청량감 있는 향기 성분인 페릴알데히드는 뛰어난 항균 및 방부 작용을 하여 식중독 예방에 효과가 있기 때문에 회에 곁들이는 채소로는 최고로 꼽힌다. 양념장 재료로도 많이 쓰이며, 한 번에 많은 양을 먹게 되는 채소는 아니지만 튀김이나 절임 등으로 다양하게 활용할 수 있다.

주요 영양소

비타민 베타카로틴, 비타민 E, 비타민 K, 비타민 B군, 엽산, 비타민 C

미네랄 칼륨, 칼슘, 마그네슘, 철분, 아연

식이섬유

제철 7~10월

고르는 법 잎이 진한 녹색을 띠며 끝부분까지 탄력 있는 것을 고른다.

효과 · 효능

혈액순환 촉진 · 감기 예방 · 피부 미용 · 식욕 증진

건강하게 먹는 팁

● 밑손질 **신선도를 유지하는 방법**

푸른 차조기는 신선도가 빨리 떨어지는데 그와 동시에 영양가도 눈에 띄게 감소하므로 보관할 때 특히 주의해야 한다. 물에 적신 키친타월에 싸서 비닐봉지에 넣어 수분을 보충한 상태로 냉장고에 보관하면 된다.

추천 레시피

푸른 차조기 얼큰 된장 절임

재료(만들기 쉬운 분량) & 만드는 법

1 된장 1½큰술, 미림 1큰술, 두반장 2작은술을 섞어서 얼큰 된장을 만든다.

2 푸른 차조기 잎은 30장 준비하여 한쪽 면에 얼큰 된장을 켜켜이 발라준다.

3 밀폐용기에 담아 냉장고에 넣어두면 2~3일간 보관할 수 있다.

(전량 114kcal, 염분 5.5g)

응용하기 밥에 올려 먹거나 주먹밥 안에 넣어도 좋다.

위장 기능을 강화하는

적채

적양배추, 레드양배추라고도 불리는 적채는 일반 양배추보다 비타민 C가 풍부하다. 겉잎 3장이면 하루에 필요한 비타민 C를 거의 섭취할 수 있다. 또한 일반 양배추와 마찬가지로 위점막을 재생하고 위궤양과 십이지장궤양을 예방하는 성분인 비타민 U도 함유하고 있다. 참고로 잎 색깔은 적자색 색소인 안토시아닌에 의한 것이다.

비타민 비타민 C
미네랄 칼륨

식이섬유

연중

손에 들었을 때 묵직하고, 잎이 단단하게 싸여있는 것을 고른다. 잘라져 있는 것을 고를 때는 단면의 색이 변하지 않은 것이 좋다.

효과 · 효능

변비 해소 / 감기 예방 / 식욕 증진 / 위궤양 예방

건강하게 먹는 팁

● 조리법 **익히지 않고 샐러드로 먹는다**

적채의 색소 성분인 안토시아닌과 비타민 C는 데치면 소실되므로 가열하지 않고 샐러드를 만들어 날로 먹으면 좋다. 참고로 안토시아닌의 특징 중 하나는 산성물질에 반응하여 색이 붉게 변한다는 것이다. 샐러드나 피클의 맛을 내는 데 반드시 필요한 식초가 바로 산성 조미료의 역할을 한다. 적채를 샐러드나 피클로 만들면 맛도 좋지만 색감도 화려해진다.

memo

기능성 성분 안토시아닌

자색 포도나 블루베리, 적양파 등에 함유되어 있는 색소 성분이 바로 안토시아닌이다. 안토시아닌은 시력 회복에 도움을 주고 동맥경화나 노화 방지에 효과가 있으며 체내 염증을 억제하는 항산화 작용을 하는 것으로 보인다. 이에 대한 연구가 진행되고 있는데, 실은 그 효과에 관한 데이터가 아직 완전하게 해명되지 않은 상태다. 영양학 데이터는 매일 끊임없이 갱신되고 있다고 해도 과언이 아니다. 항상 최신 정보에 귀를 열어두면 좋겠다.

몸에 활력을 불어넣는

적양파

적양파는 당질을 많이 함유하고 있어 채소 중에서는 칼로리가 높은 편이다. 향기 성분인 유화아릴(알리신)은 비타민 B_1의 흡수를 도와 신진대사를 활발하게 한다. 또한 양파 껍질에 많이 함유되어 있는 케르세틴(식품이 변질되는 것을 방지하기 위하여 산화방지제로서 사용되는 식품첨가물-옮긴이)은 강한 항산화 작용을 하여 혈액을 맑게 하기 때문에 동맥경화, 당뇨병, 고혈압과 같은 생활습관병을 예방하는 성분으로 주목받고 있다.

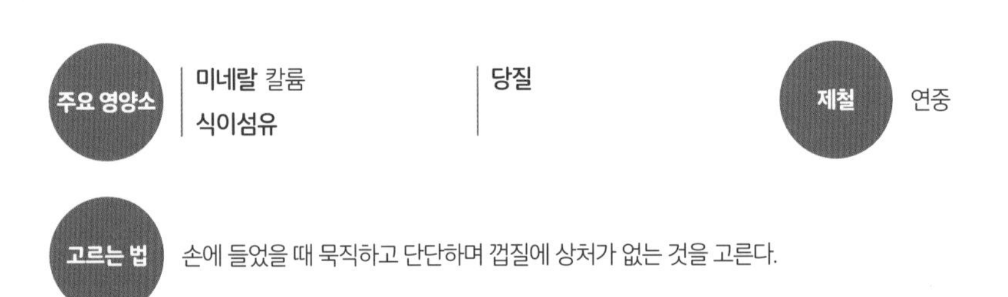

효과 · 효능

동맥경화 예방　고혈압 예방　당뇨병 예방　위궤양 예방

건강하게 먹는 팁

● 조리법 1 익히지 않고 샐러드로 먹는다

적양파는 일반 양파보다 매운맛이나 향이 약하므로 얇게 썰어서 샐러드로 만들어 먹으면 좋다. 일반 양파처럼 물에 씻을 필요가 없으며 껍질의 선명한 적자색은 요리의 색감을 더욱 화사하게 만든다.

● 조리법 2 기름과 함께 섭취한다

케르세틴은 기름과 함께 섭취하면 흡수율이 높아진다. 마요네즈나 드레싱을 끼얹어서 샐러드로 만들어 먹거나 생선이나 고기를 재울 때 올리브오일과 식초에 곁들여 향미채소로 활용해도 좋다.

memo

기능성 성분 유화아릴

양파를 썰면 눈물이 나오는데, 눈물의 원인이 되는 최루 성분이 유화아릴이다. 유화아릴은 체내에서 알리신이라는 성분으로 변화한다. 알리신은 강한 항산화 작용을 하는데, 양파 껍질에 함유되어 있는 케르세틴과 마찬가지로 혈액을 맑게 할 뿐만 아니라 위 속의 필로리균(위염 · 위궤양 · 십이지장궤양의 원인균으로 간주되고 있는 균-옮긴이)을 죽여 위궤양을 예방하는 등 다양한 효과가 있는 것으로 주목받고 있다.

생기 넘치는 피부를 위한

비트의 원산지는 유럽이며, 2~3세기부터 약용식물로 알려져 왔다. 선명한 비트의 색은 폴리페놀의 일종인 베타시아닌(붉은색 색소-옮긴이)과 베타크산틴(황색 색소-옮긴이)이라는 색소 성분에 의한 것이다. 이 2가지 색소는 모두 강한 항산화 작용을 하여 활성산소를 제거하고, 노화를 방지하거나 세포가 암세포화하는 것을 방지하는 효과가 있다.

주요 영양소 | **비타민** 엽산 | **미네랄** 칼륨 | **식이섬유** | **당질**

제철 6~7월, 11~12월

고르는 법 껍질 표면이 매끄럽고 둥글게 모양이 예쁜 것을 고른다.

효과 · 효능

피부 미용 고혈압 예방 부종 해소 동맥경화 예방

건강하게 먹는 팁

● 밑손질 **껍질은 얇게 벗긴다**

비트는 껍질 부근에 항산화 작용을 하는 베타시아닌이 들어있으므로 껍질을 벗기지 않거나, 불가피하게 껍질을 벗겨야 한다면 얇게 벗기는 것이 중요하다. 칼로 벗기기 어려운 경우에는 껍질 벗기는 도구를 사용하면 효율적이다. 껍질을 얇게 벗긴 비트로 만든 샐러드는 맛도 신선하고 색이 선명해서 비주얼도 좋다.

● 조리법 **푹 끓여서 단맛이 우러나게 한다**

자당이 함유되어 있는 비트는 특유의 강한 단맛이 있으므로 끓여 먹으면 좋다. 푹 끓이면 국물에 단맛이 배어 나와 맛을 배가시킨다. 비트와 고기를 보글보글 끓여 먹는 러시아 가정요리 보르쉬(비트로 맛을 낸 러시아 및 동유럽권의 전통 수프-옮긴이)가 좋은 예다.

항산화 능력 향상

추천 레시피

비트 사과 라페

재료(만들기 쉬운 분량) **& 만드는 법**

1 비트 ⅓개(약 150g)는 껍질을 벗겨서 채썰기 한다. 사과 ½개는 꼭지를 제거하고 껍질째 채썰기 한다.

2 볼에 레몬즙과 올리브오일 각각 1큰술, 설탕 ½작은술, 소금 ⅓작은술, 후춧가루를 약간 넣고 섞은 뒤, 채 썬 비트와 사과를 넣고 다시 잘 섞는다.

3 밀폐용기에 담아 냉장고에 넣어두면 3~4일간 보관할 수 있다.

(전량 241kcal, 염분 1.8g)

memo

비트에 관한 잡학 상식

비트 특유의 건강 효과

비트는 천연 난소화성 올리고당(라피노스: 사탕무의 당밀이나 목화 열매의 껍데기에 많이 함유되어 있는 삼당류의 일종-옮긴이)을 함유하고 있는데, 이 성분에는 장내 환경을 조절하여 유익균을 늘리고 유해균의 증식을 억제하는 효과가 있다. 또한 비트를 먹었을 때 체내에서 생산되는 일산화질소에는 혈액순환을 개선하고 혈관을 부드럽게 만드는 기능이 있어 혈관에 혈전이 생기는 것을 방지하며 피로 회복에도 효과를 발휘하는 것으로 알려져 있다.

2

판토텐산의 기능

비트에 풍부하게 함유되어 있는 판토텐산은 수용성 비타민으로, 에너지를 생성할 때 반드시 필요한 코엔자임의 원료가 되는 성분이다. 체내에서는 스트레스를 완화하거나 비타민 C와 함께 피부와 모발 건강을 유지하는 콜라겐을 생성하는 등 다양한 기능을 수행하는데, 이 중 가장 주목할 만한 것은 콜레스테롤의 균형을 유지하는 것이다. 콜레스테롤에는 좋은 콜레스테롤과 나쁜 콜레스테롤 두 종류가 있는데, 혈관을 딱딱하게 만들어 동맥경화의 원인이 되는 나쁜 콜레스테롤은 줄이고 좋은 콜레스테롤은 늘려주는 것이 바로 판토텐산이다. 동맥경화를 예방하는 판토텐산을 꼭 기억해두자.

비트를 맛있게 보관하는 방법

비트는 추운 지방에서 자라는 채소이기 때문에 냉장고의 채소실에서 보관하는 것이 기본이지만, 순무나 무처럼 잎이 달린 채로 보관하면 잎을 통해 수분이 증발하여 뿌리의 싱싱함이 떨어진다. 따라서 구입한 뒤에 반드시 잎과 뿌리를 분리하고, 물에 적신 신문지에 각각 싼 뒤 비닐봉지에 넣어 냉장고의 채소실에 넣어둔다. 잎은 2~3일, 뿌리는 1주일간 보관할 수 있다.

위장을 건강하게 만드는

양하

양하는 꽃이 피기 전의 꽃이삭을 먹기 때문에 꽃양하라고 불리기도 한다. 양하 특유의 상쾌한 향은 알파피넨이라고 하는 향기 성분에 의한 것이다. 알파피넨은 혈액순환을 원활하게 하고 발한(피부의 땀샘에서 땀이 분비되는 현상-옮긴이)을 촉진하며, 뇌를 자극하여 활성화시킨다. 또 위액 분비를 촉진하여 식욕을 돋우고 소화를 도와주는 성분으로 알려져 있다.

주요 영양소 | **미네랄** 칼륨 | **식이섬유**

제철 6~11월

고르는 법 색이 선명하고, 끝이 벌어지지 않고 단단히 오므라져 있으며, 볼록한 모양을 하고 있는 것을 고른다.

효과 · 효능

혈액순환 촉진 | 식욕 증진 | 소화 촉진 | 뇌 활성화

건강하게 먹는 팁

● 밑손질 **물에 헹굴 때는 단시간에 헹군다**

양하의 쓴맛을 내는 성분은 수산이다. 쓴맛을 제거하려면 물에 살짝 헹구는 작업이 필요한데 단, 너무 오랫동안 물에 헹구면 향이 사라지므로 양념으로 쓸 때는 주의한다.

● 조리법 **가열할 때는 단시간에 조리한다**

양하는 대부분의 경우 날로 먹지만, 많은 양을 구입했거나 제철일 때는 살짝 튀기거나 끓여 먹으면 양하의 맛을 다양하게 즐길 수 있다. 물에 헹굴 때와 마찬가지로 가열은 단시간에 마치도록 주의한다.

볼륨감 있는 반찬

추천 레시피

양하 달걀탕

재료(2인분) & 만드는 법

1 양하 6개(약 90g)는 세로로 반 자른 뒤 얇게 어슷썰기 한다. 달걀 3개는 풀어놓는다.

2 냄비에 육수 ½컵, 맛술 1큰술, 간장 1작은술, 소금을 약간 넣어 섞은 뒤 중불에 올린다. 끓어오르면 양하를 넣고, 한소끔 끓어오르면 풀어놓은 달걀을 저어가며 넣는다.

3 뚜껑을 덮고 약불에서 2분간 끓인 뒤 달걀이 반숙 상태가 되면 불을 끈다.

(1인분 141kcal, 염분 1.1g)

노화 방지에 효과적인

가지

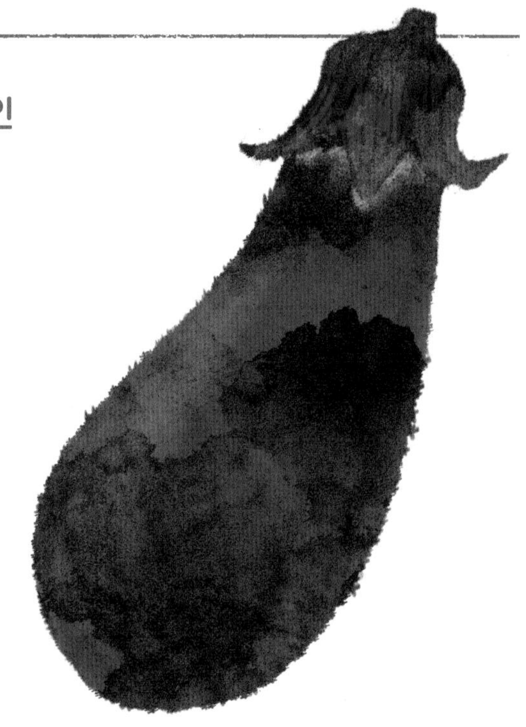

가지 성분의 90% 이상은 수분이다. 비타민류와 미네랄류의 함유량은 적지만, 가지에서 주목해야 할 것은 껍질의 색과 특유의 쓴맛을 만드는 성분이다. 보라색 껍질의 색소 성분은 나스닌(수용성 안토시아닌계 자색 색소-옮긴이)으로, 항산화 작용을 하는 폴리페놀의 일종이다. 또한 가지의 쓴맛 성분인 클로로겐산(폴리페놀 화합물의 일종-옮긴이)은 활성산소 기능을 억제하고 노화 방지, 암 예방, 혈압과 혈당치를 정상화시키는 효과가 있는 것으로 알려져 있다.

주요 영양소 | **미네랄** 칼륨 | **식이섬유**

제철 6~9월

고르는 법 꼭지가 단단하고 가시가 뾰족하며, 껍질이 선명한 보라색을 띠며 윤기가 흐르고 탄력 있는 것을 고른다.

효과 · 효능

노화 방지 | 암 예방 | 동맥경화 예방 | 고혈압 예방

건강하게 먹는 팁

● **밑손질 물에 헹굴 때는 단시간에 헹군다**

가지는 품종에 따라 쓴맛이 강한 것과 약한 것이 있는데, 쓴맛의 원인은 대부분 클로로겐산 때문이다. 클로로겐산은 몸에 이로운 효과를 가져다주는 성분이므로, 쓴맛이 난다는 이유로 모두 제거해버리면 아깝다. 많은 사람들이 가지를 물에 헹궈서 쓴맛을 제거해 먹는데, 이때 되도록 단시간에 헹구도록 한다. 잘라서 바로 요리에 사용하는 경우에는 쓴맛도 채소의 특성이라고 생각하고 제거하지 않고 쓰도록 한다. 잘라서 보관해두었다가 조리하는 경우에는 변색 방지를 위해 물에 헹궈서 쓴다.

memo

가지는 기름을 흡수하는 채소다

가지는 기름과 궁합이 좋기 때문에 기름을 넉넉히 둘러서 볶음이나 튀김으로 먹어도 맛있다. 하지만 기름을 이용해 조리할 때는 가지의 과육이 스폰지처럼 기름을 많이 빨아들이는 특징이 있으므로 주의해야 한다. 가지 자체는 칼로리가 낮지만 조리법에 따라 생각보다 고칼로리가 될 수 있다는 점을 염두에 두자.

위장 컨디션을 조절해주는

무

무는 잎과 뿌리에 각각 다른 영양소를 함유하고 있다. 잎은 시금치와 견줄 만큼의 베타카로틴을 함유하고 있으며, 비타민 C와 비타민 E도 풍부하다. 뿌리에 함유되어 있는 성분 중 주목할 만한 것은 녹말을 분해하는 소화분해효소 아밀라아제다. 아밀라아제는 예전에 디아스타제로 불리던 효소로 소화불량이나 속쓰림을 해소하는 데 효과를 발휘하는 것으로 알려져 있다.

주요 영양소

비타민 베타카로틴(잎), 비타민 E(잎), 비타민 B군(잎), 엽산(잎), 비타민 C(뿌리, 잎)

미네랄 칼륨(뿌리, 잎), 칼슘(잎), 철분(잎)

식이섬유(뿌리, 잎)

11~3월

뿌리 부분에 수염뿌리가 적고 탄력이 있으며 윤기가 흐르는 것을 고른다. 잎이 달려있는 경우에는 뿌리의 양분을 빼앗기지 않도록 뿌리와 잎을 분리해서 보관한다.

효과 · 효능

변비 해소 | 소화불량 해소 | 빈혈 예방 | 골다공증 예방

건강하게 먹는 팁

● 조리법 **날로 먹을 때는 자른 뒤 바로 먹는다**

무에 함유되어 있는 아밀라아제와 비타민 C는 열에 약한 성분이므로 효율적으로 섭취하려면 날로 먹는 것이 좋다. 특히, 갈거나 자른 무는 바로 먹지 않으면 효력이 저하된다. 무는 신선도가 생명이므로 구입한 뒤 되도록 빨리 먹도록 한다. 참고로 무와 당근을 함께 갈면 비타민 C가 파괴된다는 말이 있는데, 이는 잘못된 사실이다. 당근의 효소인 아스코르비나아제가 비타민 C를 파괴하기 때문에 언뜻 그럴 것 같지만, 체내에서 다시 환원되어 비타민 C로 기능하는 것으로 밝혀졌다.

memo

무에 관한 잡학 상식

무말랭이는 생무보다 영양이 풍부하다

무말랭이는 무 뿌리를 작게 썰어서 말린 것이다. 햇볕에 말리면 수분이 감소하여 감칠맛이 농축될 뿐만 아니라 날로 먹는 것에 비해 칼슘, 철분, 식이섬유의 함유량이 높아진다. 잔멸치나 건표고버섯처럼 칼슘의 흡수율을 높이는 비타민 D 함유 식품과 함께 먹으면 변비도 개선된다.

뿌리는 부위별로 맛이 다르다

무 뿌리는 잎과 가까운 윗부분은 달고, 잎에서 멀어질수록 매운맛이 증가한다. 따라서 만들 음식에 따라 적합한 부위를 고르면 된다. 예를 들어 단맛이 강한 윗부분은 무즙이나 샐러드로, 중간 부분은 국에 넣어서, 끝부분은 양념이나 절임에 사용하면 좋다.

무즙, 샐러드

국

양념

간 건강에 이로운

순무

순무는 무와 마찬가지로 잎과 뿌리에 각각 다른 영양소를 가지고 있다. 잎에는 베타카로틴과 비타민 C가 풍부하며, 뿌리에는 식이섬유, 비타민 C, 칼륨뿐만 아니라 무와 마찬가지로 녹말을 분해하는 소화분해효소인 아밀라아제도 함유하고 있다. 또 뿌리에는 글루코시노레이트라고 하는 매운맛 성분도 있는데, 이 성분은 가열해 먹으면 간의 해독 작용을 활발하게 해주는 기능이 있다.

주요 영양소

비타민 베타카로틴(잎), 비타민 E(잎), 비타민 B군(잎), 엽산(잎), 비타민 C(뿌리, 잎)

미네랄 칼륨(뿌리, 잎), 칼슘(잎), 철분(잎)

식이섬유(뿌리, 잎)

3~5월, 10~12월

뿌리 부분에 수염뿌리가 적고 탄력이 있으며 윤기가 흐르는 것을 고른다. 잎이 달려있는 경우에는 뿌리의 양분을 빼앗기지 않도록 뿌리와 잎을 분리해서 보관한다.

효과 · 효능

변비 해소 / 소화불량 해소 / 동맥경화 예방 / 골다공증 예방

건강하게 먹는 팁

● 조리법 **잎은 볶아 먹는다**

순무 잎에 함유되어 있는 베타카로틴을 효과적으로 먹으려면 다른 녹황색 채소처럼 기름과 함께 조리하는 것이 좋다. 잔멸치나 건새우와 같이 가미할 수 있으면서 칼슘도 섭취할 수 있는 식품을 같이 볶으면 간을 세게 하지 않아도 만들었을 때 맛이 좋으며 영양가도 훨씬 높다.

비타민 듬뿍

추천 레시피

순무 절임

재료(만들기 쉬운 분량) & 만드는 법

1 순무 3개(약 240g)의 잎을 떼어낸 뒤 4㎝ 길이로 자른다. 뿌리는 잘 씻어서 껍질째 반달 모양으로 8등분한다. 볼에 순무의 뿌리와 잎을 넣고 소금을 2작은술 뿌려 조물조물한다.

2 순무를 지퍼백에 넣고 물 ½컵, 시판 만능간장, 식초, 간장, 설탕을 각각 1큰술, 고추 1개를 잘게 썰어서 넣는다. 지퍼백의 공기를 빼고 밀봉하여 손으로 조물조물한 뒤 15~20분간 놔둔다.

3 냉장고에 넣어두면 3~4일간 보관할 수 있다.

(전량 85kcal, 염분 7.4g)

혈액을 맑게 하는

파

파는 크게 흰 부분이 많은 뿌리파와 전체적으로 녹색을 띤 잎파 두 종류로 나눌 수 있다. 흰 채소로 분류되는 뿌리파는 무나 순무처럼 흰 부분(엽초부)과 녹색 부분의 영양소가 다른 것이 특징이다. 흰 부분에는 비타민 C가, 녹황색 채소로 분류되는 녹색 부분에는 베타카로틴과 비타민 K, 비타민 B군, 칼슘, 철분 등이 함유되어 있다.

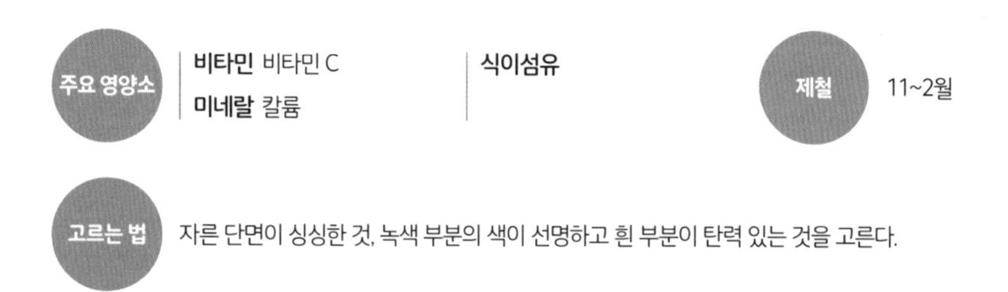

주요 영양소

비타민 비타민 C
미네랄 칼륨

식이섬유

제철 11~2월

고르는 법 자른 단면이 싱싱한 것, 녹색 부분의 색이 선명하고 흰 부분이 탄력 있는 것을 고른다.

효과 · 효능

혈액순환 촉진 | 고혈압 예방 | 피로 회복 | 위궤양 예방

건강하게 먹는 팁

● 좋은 음식 궁합 **유화아릴은 비타민 B_1과 궁합이 맞는다**

파는 양파와 마찬가지로 유화아릴(알리신)이라는 최루 성분을 함유하고 있는 채소다. 유화아릴이 체내로 들어와 바뀐 알리신에는 비타민 B_1의 흡수를 높여주는 기능이 있으므로 돼지고기나 낫토와 같은 단백질과 함께 먹으면 영양소를 효과적으로 섭취할 수 있다.

● 조리법 **다져서 양념으로 만든다**

파에 함유되어 있는 향기 성분인 유화아릴(알리신)은 살균 작용을 하는 것으로 알려져 있다. 감기 초기에 구운 파를 목에 대면 좋다고 하는데, 이는 바이러스로부터 몸을 지키는 데 유화아릴이 효과적인 성분이라는 증거다. 사실 이 유화아릴은 파를 다지면 더 증가한다. 따라서 감기 기운이 있을 때 다진 파를 듬뿍 넣은 된장국을 먹으면 체온이 상승하고 해독 작용도 잘 이루어진다.

추천 레시피

찐 파와 겨자 초된장

재료(2인분) & 만드는 법

1 파(녹색 부분도 같이) 1줄(약 120g)을 5㎝ 길이로 자른다.

2 파를 내열접시에 나란히 올리고 물 1큰술을 뿌린 뒤 랩을 씌워서 전자레인지에 넣고 2분간 가열한다.

3 파를 그릇에 담고 된장, 식초 각각 1큰술, 설탕 1작은술, 연겨자 ½작은술을 섞어서 만든 양념장을 끼얹는다.

(1인분 49kcal, 염분 1.2g)

혈액을 맑게 하는

양파

양파의 주성분은 당질이며, 비타민류나 미네랄류의 함유량은 그다지 많지 않다. 양파 성분 중에 최근 주목을 받고 있는 것은 양파의 향과 최루 성분인 유화아릴(알리신)과 겉껍질에 많이 함유되어 있는 폴리페놀의 일종인 케르세틴이다. 케르세틴은 겉껍질을 제외한 흰 부분에도 많이 함유되어 있는 양파의 황색 색소로, 강한 항산화 작용을 하여 혈액을 맑게 하는 효과가 있는 것으로 알려져 있다.

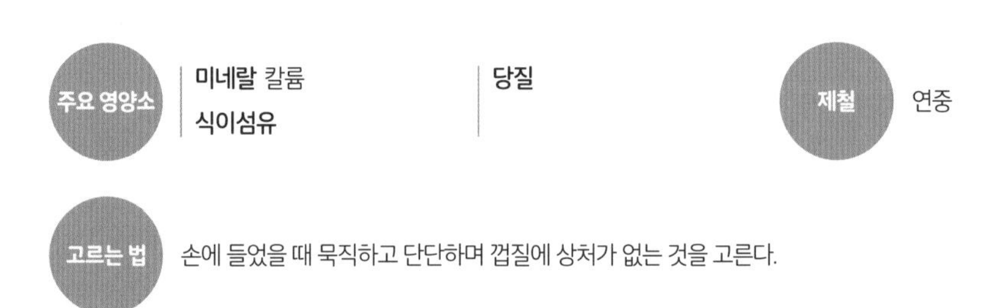

주요 영양소 | **미네랄** 칼륨 | **식이섬유** | **당질**

제철 연중

고르는 법 손에 들었을 때 묵직하고 단단하며 껍질에 상처가 없는 것을 고른다.

효과 · 효능

동맥경화 예방 | 고혈압 예방 | 당뇨병 예방 | 위궤양 예방

건강하게 먹는 팁

● 좋은 음식 궁합 **돼지고기와 함께 볶아 덮밥으로 먹는다**

양파의 최루 성분인 유화아릴(체내에서 알리신으로 바뀜)에는 비타민 B_1과 결합하여 당질을 효율적으로 에너지로 바꾸는 기능이 있다. 이러한 특성을 살린 스태미나 강화에 효과적인 메뉴가 바로 흰밥에 볶은 양파와 돼지고기를 올린 간단한 덮밥이다. 밥의 당질을 에너지로 전환할 때 돼지고기의 비타민 B_1과 양파의 알리신이 결합하여 알리티아민이라는 물질로 바뀌며 비타민 B_1의 효력이 강화되어 스태미나를 증진시킨다.

● 조리법 **기름과 함께 섭취한다**

케르세틴은 기름과 함께 섭취하면 흡수율이 높아지므로 특별한 요리법 없이 양파를 썰어서 마요네즈나 오일을 넣은 드레싱만 얹어 먹어도 효과를 얻을 수 있다.

memo

익힌 양파가 단 이유

양파는 포도당, 과당, 자당이라고 하는 세 종류의 당질을 함유하고 있다. 생양파는 당질이 가지고 있는 단맛보다는 유화아릴의 매운맛이 도드라지지만, 오래 가열하면 매운맛이 날아가면서 강한 단맛이 살아난다. 서양 요리에 기본적으로 쓰이는 캐러멜화한 양파에서 단맛이 나는 것은 양파의 주성분인 당류의 단맛이 응축된 상태이기 때문이다.

몸을 따뜻하게 만드는

생강

사실 생강은 많은 영양소를 함유하고 있는 채소는 아니다. 단, 생강만이 가지고 있는 특징 중에 주목할 만한 것은 200종류가 넘는 향기 성분이다. 이 향기 성분에는 많은 효능이 있는데, 생강을 가열하고 건조하면서 생기는 쇼가올과 진저론은 특히 몸에 이롭다. 쇼가올은 위장 기능을 활발하게 하며, 진저론은 몸을 속에서부터 따뜻하게 만드는 효과가 있다.

제철 연중

전체적으로 볼록하게 부풀어있는 것이 좋다. 자른 것을 구입할 때는 단면에 윤기가 흐르는 것을 고른다.

효과 · 효능

혈액순환 촉진 | 냉증 개선 | 식중독 예방 | 식욕 증진

건강하게 먹는 팁

● 좋은 음식 궁합 **생선 요리에는 생강을 곁들인다**

날 생강의 향기 성분인 진저론에는 생선의 비린내를 없애는 소취 작용뿐만 아니라 생선에 붙어있는 세균의 번식을 억제하는 항균 효과가 있다. 생선구이를 먹을 때 흔히 생강초절임을 곁들이는 것은 바로 이런 이유 때문이다. 쉽게 상하는 전갱이회에 생강을 갈아서 곁들이는 것도 같은 맥락으로 보면 된다.

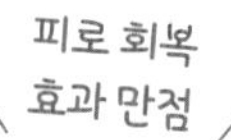

추천 레시피

생강 감주 스무디

재료(1인분) & 만드는 법

유리컵에 감주(스트레이트 타입) ½컵, 플레인 요구르트, 두유(성분무조정)를 각각 ¼컵 넣고 잘 섞는다. 생강 간 것 ½작은술을 넣고 섞는다.

(137kcal, 염분 0.3g)

기력이 솟게 하는 스태미나의 원천

마늘

마늘은 파 종류와 마찬가지로 향기 성분인 유화아릴(알리신)과 비타민 B군을 함유하고 있다. 또 마늘에는 알리신과 비타민 B_1이 결합해서 생기는, 스태미나의 원천인 알리티아민이라는 물질이 처음부터 함유되어 있기 때문에 피로 회복 효과가 특히 높은 것이 특징이다. 이 밖에도 단백질대사에 반드시 필요한 비타민 B_6를 함유하고 있어서 피부와 점막을 건강하게 유지하는 효과도 기대할 수 있다.

주요 영양소 | **비타민** 비타민 B군

제철 연중

고르는 법 큼직하고 묵직하며, 마늘쪽이 단단하고 큰 것을 고른다.

효과 · 효능

동맥경화 예방 / 감기 예방 / 피로 회복 / 냉증 개선

건강하게 먹는 팁

● 좋은 음식 궁합 **비타민 B_1이 풍부한 돼지고기와 함께 먹는다**

돼지고기에 풍부하게 함유되어 있는 비타민 B_1은 당질을 에너지로 전환하여 피로 회복을 돕는다. 이 밖에도 뇌와 신경의 기능을 정상적으로 유지하는 효과도 있어서 반드시 섭취해야 하는 영양소다. 이런 비타민 B_1의 흡수를 높여주는 것이 마늘에 함유되어 있는 유화아릴(알리신)이다. 둘을 함께 먹으면 체내에서 돼지고기의 비타민 B_1과 마늘의 알리신이 결합하여 흡수율을 높이며 영양소의 파괴도 막는다.

● 밑손질 **갈고 으깨고 다지고 얇게 저민다**

마늘에 함유되어 있는 유화아릴은 작게 자를수록 특성과 약효가 높아지는 것으로 알려져 있다. 갈고, 으깨고, 다지고, 얇게 저미는 등 최대한 세포벽이 작아지도록 잘라서 사용하면 좋다.

memo

몸에 좋지만 과한 섭취는 주의해야 한다

마늘은 피로 회복 효과가 높은 성분과 강력한 항산화 작용을 하는 성분을 함유하고 있어서 대부분의 사람들이 많이 먹으면 좋다고 생각한다. 하지만 너무 많이 먹으면 지나친 자극으로 위점막에 통증을 유발할 수 있다. 날로 먹을 때는 하루에 1쪽, 가열하는 경우에도 하루에 2~3쪽까지만 먹도록 한다. 참고로 마늘 1쪽은 마늘 1개를 쪼갰을 때의 1조각을 말한다.

불면증과 불안감을 해소하는

셀러리

셀러리는 특유의 향과 씹을 때의 독특한 식감이 특징이다. 잎 부분에는 베타카로틴이 함유되어 있지만, 줄기 부분의 주요 영양 성분은 칼륨이다. 칼륨은 신경과 근육의 기능을 정상적으로 유지하고 세포 안팎의 미네랄 밸런스를 조절하며 부종을 해소하는 데 효과를 발휘한다. 또한 향기 성분인 아피인(플라보노이드의 일종-옮긴이)은 신경에 작용하여 불면증과 불안감을 해소하는 효과가 있다.

주요 영양소 | **미네랄** 칼륨 | **식이섬유**

제철 11~5월

고르는 법 줄기는 두껍고, 잎은 선명한 녹색을 띠며 탄력이 있는 것을 고른다.

효과 · 효능

부종 해소 / 불면증 해소 / 불안감 해소 / 식욕 증진

건강하게 먹는 팁

● 조리법 **잎은 부피를 줄여서 남김없이 먹는다**

셀러리 잎에는 식이섬유와 베타카로틴, 비타민 B군, 비타민 C 등이 풍부하게 함유되어 있으므로 튀김으로 만들어 먹거나 다져서 조림으로 하는 등 부피를 줄여서 남김없이 먹으면 좋다. 특히 튀김으로 만들어 먹으면 기름으로 인해 베타카로틴의 흡수율이 높아진다는 장점이 있다. 조림을 할 때는 잔멸치와 함께 볶으면 칼슘의 흡수율이 한층 더 높아진다.

memo

허브로 활용하는 셀러리

셀러리는 흔히 샐러드로 즐기는데, 그 향기 성분에 고기나 생선 비린내를 없애 풍미와 깊은 맛을 살리는 효과가 있다. 특히 잎과 줄기의 두꺼운 부분은 향이 강하므로 큼직하게 썰어서 고기나 생선과 함께 끓이거나 찌면 맛있는 요리로 완성할 수 있다.

부종 해소에 효과적인

콩나물

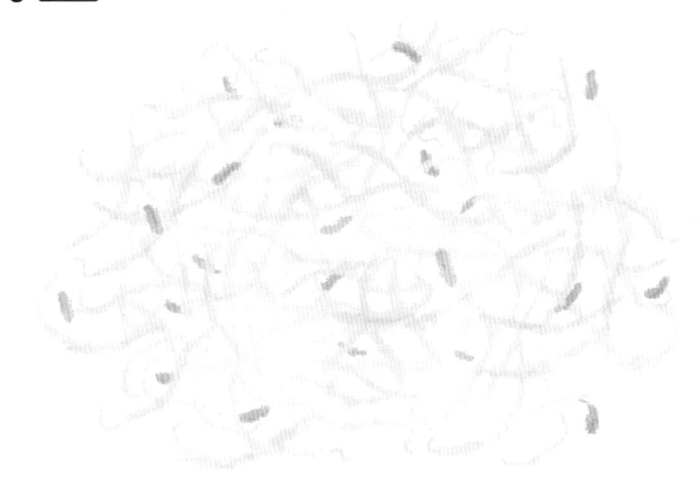

콩나물은 콩, 쌀, 보리, 채소의 종자를 물에 담가 햇볕을 쏘이지 않고 발아시킨 것의 총칭이다. 다양한 종류가 있지만 가장 일반적인 것은 녹두로 만드는 녹두콩나물이다. 감염증 예방과 피부 미용에 효과가 있는 비타민 C와 부종 해소에 도움을 주는 칼륨을 미량 함유하고 있는 정도로, 영양가는 그다지 높지 않지만 저칼로리여서 다이어트식에 부피를 더하는 아이템으로는 최고의 인기를 누린다.

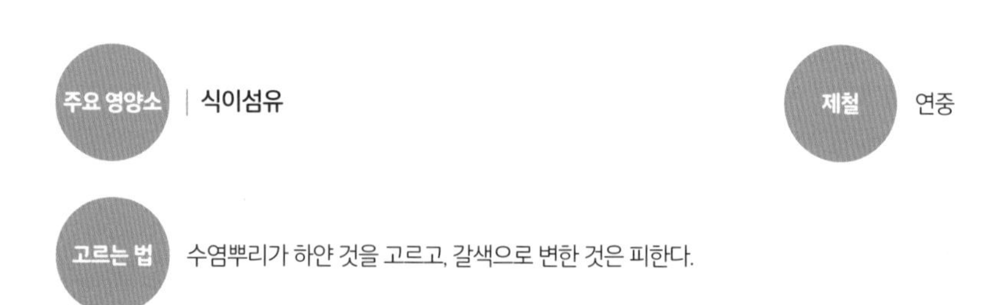

주요 영양소 | **식이섬유**

제철 연중

고르는 법 수염뿌리가 하얀 것을 고르고, 갈색으로 변한 것은 피한다.

효과 · 효능

피부 미용

감염증 예방

부종 해소

건강하게 먹는 팁

● 좋은 음식 궁합 **간과 함께 먹는다**

흔히 콩나물과 간을 함께 볶아 먹는데, 이는 영양 면에서 효과적인 조합이다. 간은 콩나물에 없는 영양소인 비타민 B_{12}를 풍부하게 함유하고 있다. 손상된 신경세포를 정상으로 회복시키는 비타민 B_{12}와 항산화 작용을 하는 비타민 C를 함께 먹으면 면역력도 한층 향상된다.

● 조리법 **가열할 때는 단시간에 조리한다**

콩나물은 수경재배를 하기 때문에 농약 잔류의 위험은 낮지만, 가열 조리가 필요한 채소다. 콩나물에 함유되어 있는 비타민 C는 소량이고 열에도 약하므로 가열 시간이 짧아야 한다. 또한 비타민 C는 수용성이므로 국을 끓일 때는 국물도 남김없이 먹을 수 있도록 간을 약하게 하면 좋다.

memo

콩나물의 수염뿌리는 제거해야 할까?

콩나물의 수염뿌리는 영양가가 없지 않고 몸에 해로운 것도 아니므로 꼭 제거할 필요는 없다. 다만, 약간의 수고를 더해 수염뿌리를 제거해서 조리하면 완성되었을 때의 모양도 좋을 뿐만 아니라 식감도 한층 좋아진다. 시간이 날 때 한 번 수염뿌리를 제거해서 차이를 느껴보기 바란다.

피부 건강을 지켜주는

콜리플라워

콜리플라워는 브로콜리와 마찬가지로 작은 꽃봉오리와 줄기를 먹는다. 비타민 C의 함유량이 풍부할 뿐만 아니라 가열해도 손실이 적기 때문에 훌륭한 비타민 C 공급원의 역할을 한다. 비타민 C는 세포와 세포를 결합시키는 역할을 하는 콜라겐의 생성을 돕기 때문에 피부 건강을 유지하는 데 효과적인 영양소다. 이 밖에도 백혈구 기능을 강화하여 면역력을 높이는 등 다양한 기능을 수행한다.

주요 영양소 | **비타민** 비타민 B군, 엽산, 비타민 C | **미네랄** 칼륨 | **식이섬유**

제철 11~3월

고르는 법 무게감이 있고, 하얀 꽃봉오리가 변색되지 않았으며 촘촘하게 모여있는 것을 고른다.

효과 · 효능

피부 미용 | 암 예방 | 노화 방지 | 고혈압 예방

건강하게 먹는 팁

● 밑손질 **줄기는 껍질을 두껍게 벗긴다**

콜리플라워는 줄기에도 비타민 C가 풍부하게 함유되어 있으므로 반드시 꽃봉오리와 함께 먹도록 한다. 하지만 줄기 표면은 딱딱하므로 껍질은 두껍게 벗기는 것이 포인트다.

● 조리법 **익히지 않고 샐러드로 먹거나 양념에 재워서 먹는다**

우리나라에서는 콜리플라워를 주로 데쳐서 먹는데, 유럽이나 미국 등지에서는 얇게 썰어서 샐러드로 먹거나 양념에 재워서 먹기도 한다. 콜리플라워의 비타민 C는 가열해도 쉽게 손실되지 않지만, 날로 먹으면 더 확실하게 영양소를 섭취할 수 있다. 신선한 콜리플라워가 있다면 꼭 한 번 도전해보자.

memo

콜리플라워 잘 데치는 법

콜리플라워의 비타민 C는 가열해도 쉽게 손실되지 않으므로 주로 데쳐서 샐러드로 만들거나 양념에 재워서 먹는다. 샐러드로 만들거나 양념에 재웠을 때 콜리플라워의 흰색을 유지할 수 있도록 데치려면 끓는 물에 레몬이나 식초를 약간 넣으면 된다. 이렇게 하면 요리를 완성했을 때도 콜리플라워의 색을 살릴 수 있다.

위점막을 보호해주는

연근

연근은 비타민 C를 비롯하여 당질이 많은 식품에 다량 함유되어 있는 비타민 B_1, 저항력을 높이는 부신피질호르몬 생성을 돕는 판토텐산 등의 비타민류와 칼륨과 같은 미네랄류를 골고루 함유하고 있다. 연근 특유의 점성은 무틴이라는 성분에 의한 것으로, 무틴에는 위점막을 보호하고 소화 흡수를 촉진하는 기능이 있다.

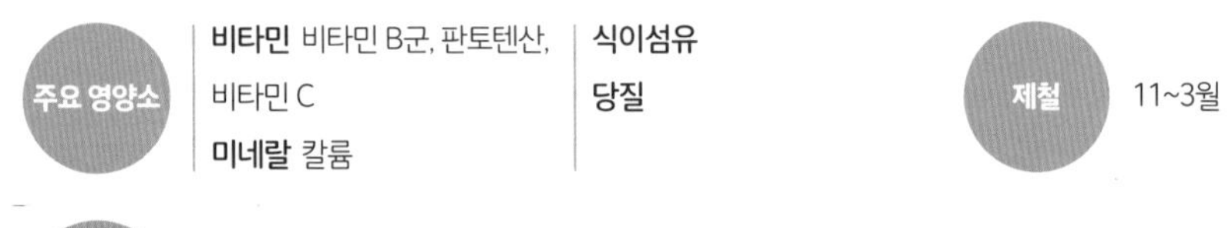

주요 영양소

비타민 비타민 B군, 판토텐산, 비타민 C
미네랄 칼륨
식이섬유
당질

제철 11~3월

고르는 법 무게감이 있고 상처가 없는 것이 좋다. 자른 단면이 갈색으로 변하지 않고, 구멍 속이 검게 변하지 않은 것을 고른다.

효과 · 효능

피부 미용 / 위궤양 예방 / 부종 해소 / 빈혈 예방

건강하게 먹는 팁

● 밑손질 **변색돼도 상관없다면 떫은맛을 제거하지 않아도 된다**

연근의 떫은맛 성분은 폴리페놀의 일종인 타닌이다. 타닌은 항산화 작용 외에 소염 작용도 하므로 연근으로 요리할 때는 떫은맛을 제거하지 않고 껍질째로 사용하는 것이 몸에 좋다. 단, 연근을 자르면 타닌의 영향으로 바로 색이 변하므로 연근의 흰색을 살리는 요리를 만들려면 자르고 나서 물에 담가 떫은맛을 빼야 한다.

memo

불 조절에 따라 달라지는 식감

연근은 자르는 모양과 가열 시간에 따라 식감이 크게 달라지는 채소 중 하나다. 아삭아삭한 식감의 연근조림을 완성하려면 동그랗고 얇게 썰어 살짝 익히면 된다. 반대로 따끈따끈하고 폭신한 식감을 내고 싶을 때는 마구썰기 해서 푹 끓이면 연근의 주성분인 녹말이 걸쭉해지며 단맛도 한층 더해진다.

장내 환경을 개선하는

우엉

중의학에서 우엉은 해독과 해열, 기침을 진정시키는 약으로 쓰였다. 식이섬유가 풍부한 것이 특징이며, 수용성뿐만 아니라 불용성 식이섬유도 풍부하게 함유하고 있다. 식이섬유만큼은 아니지만 미네랄도 풍부해서 혈압 상승을 억제하는 칼륨, 빈혈을 예방하는 철분, 뼈를 합성하는 데 반드시 필요한 칼슘 등을 골고루 함유하고 있다.

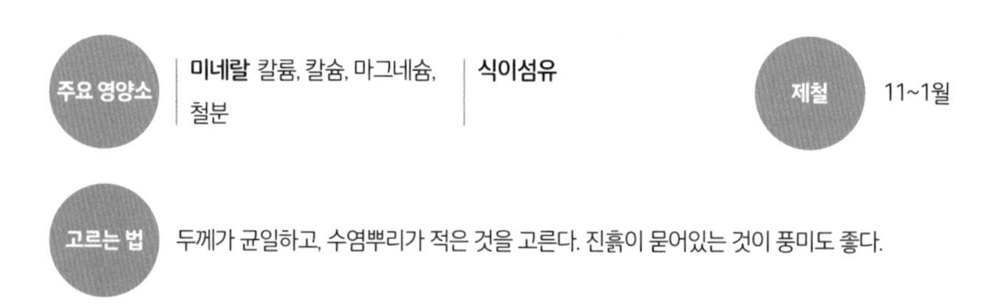

효과 · 효능

변비 해소 / 당뇨병 예방 / 동맥경화 예방 / 장내 환경 개선

건강하게 먹는 팁

● 밑손질 **떫은맛은 필요에 따라 제거한다**

우엉의 떫은맛 성분은 연근과 마찬가지로 폴리페놀의 일종인 타닌이다. 타닌은 항산화 작용 외에 소염 작용도 하므로 떫은맛을 제거하지 않아도 된다는 이야기도 있다. 단, 우엉은 연근보다 떫은맛이 강하고 자른 단면이 산화하며 색이 검게 변하므로 이 점이 거슬린다면 자른 뒤에 물(또는 식초물)에 담가 떫은맛을 제거하면 된다. 이때 주의해야 할 것은 물을 몇 번씩 갈아주거나 장시간 담가 놓지 않도록 해야 한다는 것이다. 특히 식초물에 15분 이상 담가놓으면 딱딱해지고 풍미도 손실되므로 주의해야 한다.

memo

식이섬유의 기능

식이섬유는 크게 물에 녹는 수용성 식이섬유와 물에 녹지 않는 불용성 식이섬유로 나뉜다. 수용성 식이섬유의 주요 기능은 음식물을 젤 상태로 만들어 소화 흡수를 늦추며 혈당치 상승을 억제하는 것이다. 한편, 불용성 식이섬유의 주요 기능은 대변의 부피를 늘리고 장의 벽을 자극하여 연동운동을 활발하게 해서 장내 유해물질을 배출하는 것이다. 양쪽 모두 장내 환경을 개선하는 데 반드시 필요한 영양 성분이다.

면역력을 높이는 비타민 C가 풍부한

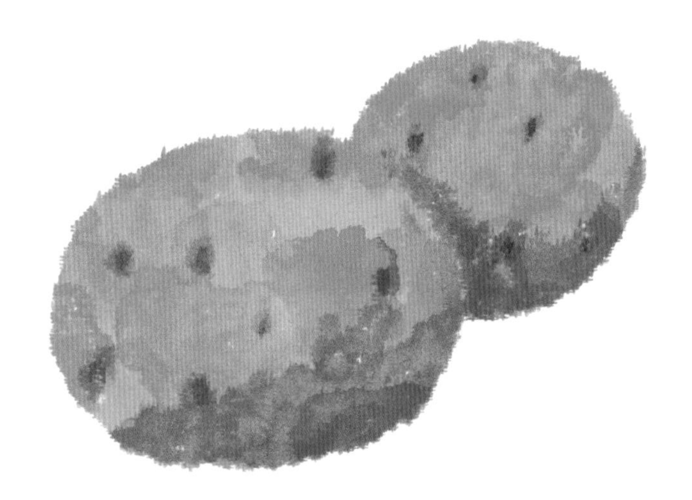

감자는 주성분이 녹말로 에너지가 높고, 부담스럽지 않은 맛이라 쌀처럼 주식으로도 먹을 수 있다. 또한 비타민 C와 칼륨이 풍부해 채소로서도 훌륭한 식재료다. 그야말로 곡류와 채소의 얼굴을 동시에 갖고 있는 것이 바로 감자다. 비타민 C 함유량이 특히 많아 밭의 사과라고 불릴 정도다. 변비 해소, 대장암 예방에도 효과적인 식이섬유를 섭취할 수 있다는 점도 감자의 매력이다.

비타민 비타민 B군, 비타민 C | **식이섬유**
미네랄 칼륨 | **당질**

5~7월
9~11월

싹이 나지 않았고, 손에 들었을 때 중량감이 있으며, 표면에 상처가 없고 쭈글쭈글하지 않은 것을 고른다.

효과 · 효능

피부 미용 | 감기 예방 | 부종 해소 | 노화 방지

건강하게 먹는 팁

● 밑손질 **신선한 것은 껍질째 사용한다**

감자 껍질에는 폴리페놀의 일종인 클로로겐산이 함유되어 있다. 클로로겐산은 뛰어난 항산화 효과가 있으므로 감자 상태가 신선하다면 껍질을 벗기지 않고 그대로 조리하는 것이 좋다. 한편, 싹이 난 감자는 주의해야 한다. 감자 싹에는 솔라닌이라는 독성물질이 있으므로 반드시 제거해야 한다. 싹뿐만 아니라 햇볕에 과다 노출된 감자(껍질 안쪽이 녹색으로 변한 것)는 껍질에 솔라닌이 생겼을 수 있으므로 반드시 녹색으로 변한 부분까지 함께 벗겨내야 한다. 솔라닌은 수용성이므로 껍질을 깐 뒤에 물에 담가놓으면 한결 안심하고 먹을 수 있다.

memo

감자에 들어있는 비타민 C

감자에는 비타민 C가 풍부하게 함유되어 있을 뿐만 아니라 오래 보관해도 쉽게 손실되지 않는다. 이는 감자의 주성분인 녹말 덕분이다. 녹말로 둘러싸여 보호되기 때문에 장기 보관에 의한 손실이 거의 없을 뿐만 아니라 가열해도 쉽게 손실되지 않는다.

변비 해소에 효과적인

고구마

고구마는 주성분이 에너지로 바뀌는 녹말인데, 감자와 마찬가지로 다양한 생활습관병에 도움이 되는 비타민 C와 칼륨, 식이섬유가 풍부하다. 과육이 노란 고구마에는 베타카로틴과 비타민 E도 함유되어 있어 비타민 C와의 상승효과로 강한 항산화 효과를 기대할 수 있다. 또한 식이섬유에는 변비 해소, 대장암 예방 효과도 있다.

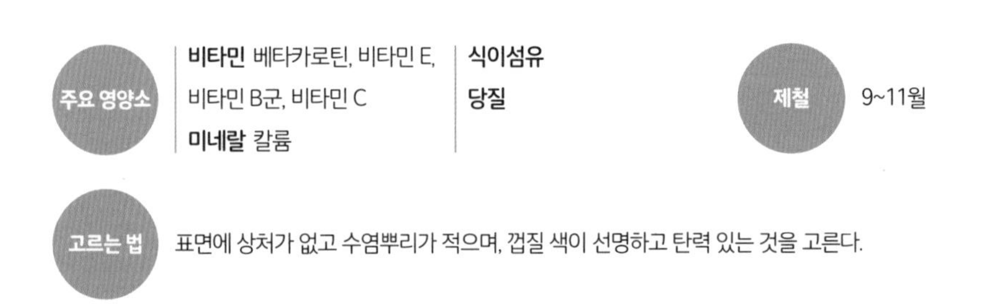

주요 영양소

비타민 베타카로틴, 비타민 E, 비타민 B군, 비타민 C
미네랄 칼륨
식이섬유
당질

제철 9~11월

고르는 법 표면에 상처가 없고 수염뿌리가 적으며, 껍질 색이 선명하고 탄력 있는 것을 고른다.

효과 · 효능

변비 해소 / 소화불량 해소 / 동맥경화 예방 / 장내 환경 개선

건강하게 먹는 팁

● 밑손질 **껍질째 사용한다**

고구마 껍질에는 폴리페놀의 일종인 안토시아닌을 비롯하여 식이섬유, 비타민류 등이 함유되어 있으므로 고구마 상태가 신선하다면 잘 씻어서 껍질째 조리하는 것이 좋다. 물론 영양 면에서 좋기만 한 것이 아니라 껍질을 벗기지 않으면 보기에도 탄력이 있어 보이며, 완성했을 때 색감도 좋다.

● 조리법 **저온에서 천천히 가열한다**

고구마에 함유되어 있는 녹말분해효소인 아밀라아제는 천천히 저온에서 가열하면 당으로 바뀐다. 이 특성을 살린 메뉴로 군고구마가 있다. 조미료를 쓰지 않았는데도 단맛이 나는 것은 저온에서 오랫동안 구웠기 때문이다.

memo

기능성 성분 얄라핀

고구마를 잘랐을 때 배어 나오는 하얀 액체는 고구마 특유의 성분으로 얄라핀이라는 것이다. 얄라핀은 장의 기능을 활발하게 하여 변을 부드럽게 만든다. 고구마를 먹고 배변이 원활해지는 경험을 한 사람이 많은데, 이는 얄라핀과 식이섬유의 상승 작용에 의한 것이라고 할 수 있다.

변비 해소에 효과적인

토란

감자과는 전부 곡류와 채소의 성질을 함께 가지고 있는데, 토란의 영양 성분은 채소의 성질에 가까운 것이 특징이다. 비타민류 중에서는 당질이 에너지로 전환될 때 반드시 있어야 하는 비타민 B_1을 많이 함유하고 있으며, 부종 해소에 효과가 있는 칼륨을 비롯한 미네랄류를 균형 있게 함유하고 있다. 토란 특유의 점액은 만난, 무틴, 갈락탄이라는 성분에 의한 것이다.

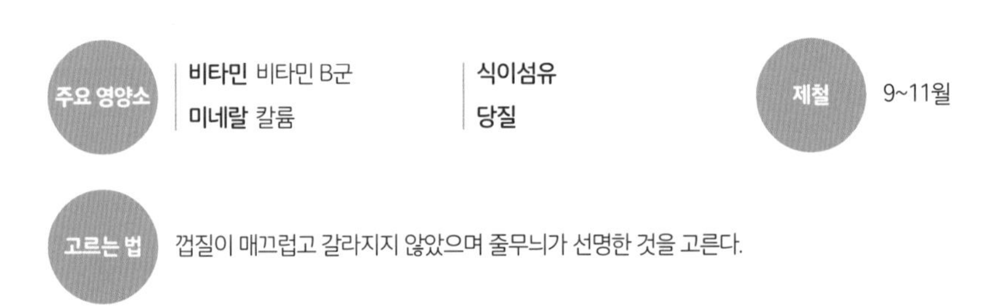

주요 영양소
비타민 비타민 B군
미네랄 칼륨
식이섬유
당질

제철 9~11월

고르는 법 껍질이 매끄럽고 갈라지지 않았으며 줄무늬가 선명한 것을 고른다.

효과 · 효능

변비 해소 / 당뇨병 예방 / 고혈압 예방 / 소화 촉진

건강하게 먹는 팁

● 좋은 음식 궁합 **단백질이 함유된 식재료와 함께 먹는다**

토란에 함유되어 있는 무틴은 위점막을 보호하고 단백질의 소화 흡수를 돕는 효과가 있어서, 돼지고기나 달걀과 함께 먹으면 단백질 흡수가 원활해진다.

● 밑손질 **점액 성분을 남겨둔다**

토란의 점액 성분은 변비 해소와 소화 촉진 등 다양한 효과가 있으므로, 제거하지 말고 이를 살려서 조리하는 것이 영양 면에서는 좋다. 데칠 때는 껍질째 데치고, 데친 뒤에 껍질을 벗기면 영양소의 손실을 줄일 수 있다.

memo

토란 껍질을 쉽게 벗기는 방법

껍질이 있는 상태에서 진흙을 털어가면서 씻은 뒤 건조시켜서 껍질을 벗기면 잘 미끄러지지 않아 쉽게 벗길 수 있다. 손질할 시간이 부족할 때는 손에 식초물을 묻혀서 껍질을 벗기면 토란의 점액 성분으로 인해 손이 가려워지는 것을 방지할 수 있다.

피부 건강을 지켜주는

참마

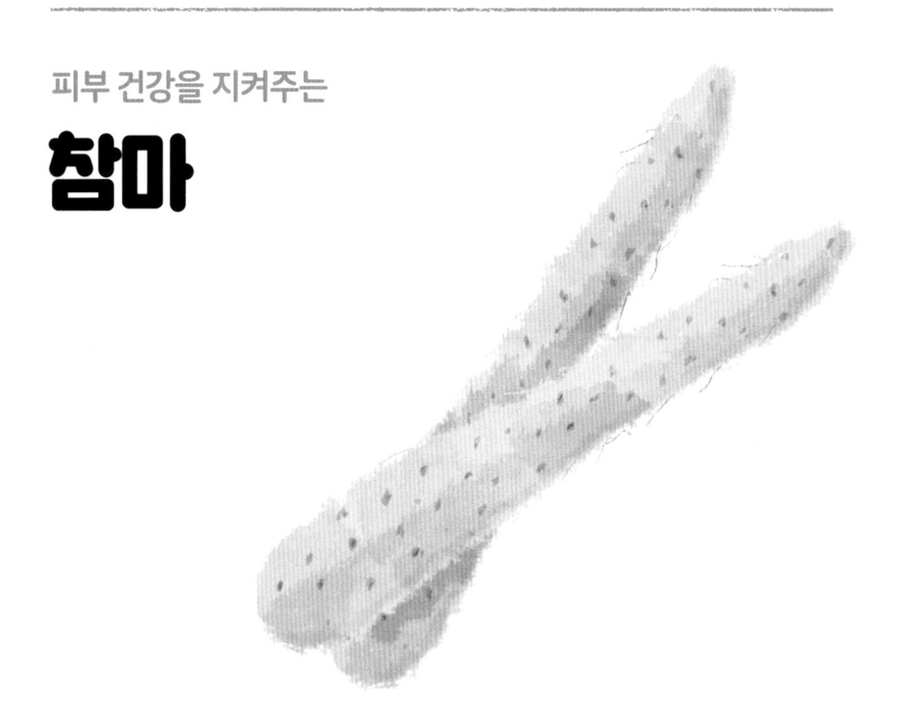

참마는 마의 일종으로, 소화효소인 아밀라아제가 풍부하게 함유되어 있다는 특징이 있다. 무의 3배에 달할 정도다. 덩이줄기류의 주성분인 녹말은 가열하지 않고 섭취했을 때 소화흡수율이 떨어지는데, 참마는 녹말을 소화하는 효소를 대량 함유하고 있어서 날로 먹어도 소화가 잘 되는 매력적인 채소다.

주요 영양소

비타민 비타민 B군
미네랄 칼륨
식이섬유
당질

제철

3~4월
11~12월

고르는 법

껍질이 매끄럽고 상처가 없으며 탄력이 있는 것, 수염뿌리가 남아있는 것을 고른다.

효과 · 효능

변비 해소 / 소화 촉진 / 고혈압 예방 / 장내 환경 개선

건강하게 먹는 팁

● 조리법 **날로 강판에 갈아 먹는다**

참마에 함유되어 있는 소화효소 아밀라아제는 열에 약하므로 날로 먹는 것이 좋다. 뿐만 아니라 참마를 날로 강판에 갈면 세포벽이 파괴되어 소화효소 기능이 더욱 활성화되므로, 참마를 강판에 갈아 마즙으로 만들어 먹으면 소화 불량이나 속쓰림을 해소하는 데 효과적이다.

● 좋은 음식 궁합 **낫토와 함께 먹는다**

참마에는 단백질의 소화 흡수를 돕는 성분인 무틴이 함유되어 있으므로 식물성 단백질이 풍부한 낫토를 곁들이면 좋다. 둘을 함께 먹으면 서로 가지고 있는 영양소를 효율적으로 섭취할 수 있을 뿐만 아니라 균형감 있는 식감도 즐길 수 있다.

memo

참마 보관 방법

참마를 자른 단면이 공기와 접촉하지 않도록 랩을 씌워서 냉장고에 넣어 보관하면 며칠간은 괜찮다. 단, 감자처럼 장기 보관은 어려우므로 시간이 날 때 강판에 갈아서 냉동 보관하면 좋다. 소분하여 냉동시키면 먹을 때마다 갈지 않고 필요한 만큼만 해동해서 쓸 수 있어서 편리하다.

장 기능을 활성화시키는

팽이버섯

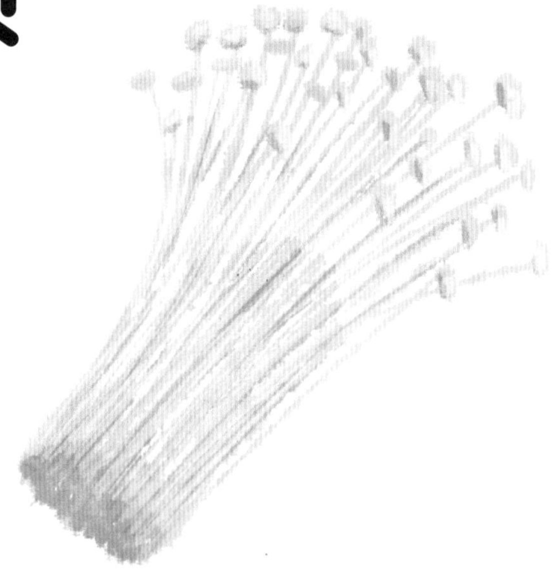

야생 팽이버섯은 다갈색이며, 현재 시판되고 있는 줄기가 가늘고 흰 팽이버섯은 대부분 연백재배된 것이다. 불용성 식이섬유와 수용성 식이섬유를 모두 풍부하게 함유하고 있으며 다른 버섯류와 마찬가지로 칼로리가 낮다. 팽이버섯 특유의 특징으로는 당질대사를 원활하게 하는 비타민 B_1의 함유량을 들 수 있는데, 날표고버섯의 약 2배나 된다.

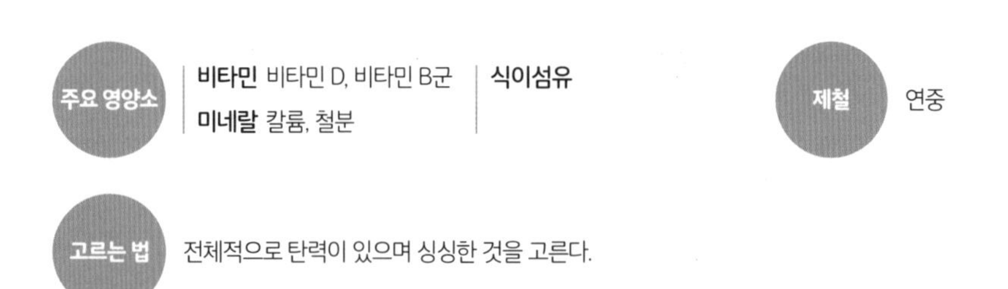

주요 영양소 | **비타민** 비타민 D, 비타민 B군 | **식이섬유**
미네랄 칼륨, 철분

제철 연중

고르는 법 전체적으로 탄력이 있으며 싱싱한 것을 고른다.

효과 · 효능

장내 환경 개선 | 동맥경화 예방 | 골다공증 예방 | 암 예방

건강하게 먹는 팁

● 좋은 음식 궁합 **칼슘을 함유한 식재료와 함께 먹는다**

팽이버섯은 에르고스테롤이라고 하는 물질을 함유하고 있는데, 이 물질은 자외선을 받으면 비타민 D로 바뀐다. 비타민 D는 칼슘의 흡수를 촉진하고 뼈에 침착시키는 역할을 하므로, 소송채와 팽이버섯을 살짝 볶거나 데쳐서 나물로 곁들여 먹으면 소송채의 칼슘을 효율적으로 섭취할 수 있다.

● 조리법 **신선할 때 먹는다**

팽이버섯은 신선도가 빨리 떨어지므로 줄기에 탄력이 남아있을 때 조리해서 먹어야 한다. 전골이나 국에 넉넉히 넣어 조리하면 팽이버섯으로 인해 감칠맛이 증가할 뿐만 아니라 팽이버섯 특유의 식감도 마음껏 즐길 수 있다. 먹는 만큼 영양소를 듬뿍 섭취할 수 있다.

memo

연백재배란?

연백재배는 많은 사람에게 생소한 단어인데, 쉽게 말해 채소의 줄기와 잎을 희고 부드럽게 만들기 위해 햇볕에 노출시키지 않고 재배하는 것이며, 연화재배라고도 한다. 팽이버섯 외에도 화이트 아스파라거스도 연백재배 한 채소다. 팽이버섯의 색과 독특한 식감의 비밀은 재배 방법에 있었던 것이다.

면역력을 높이는 비타민 C가 풍부한

배추

배추는 채소 중에서도 수분 함유량이 많고 열량이 낮다. 혈압을 상승시키는 나트륨을 몸 밖으로 배출시키는 칼륨을 풍부하게 함유하고 있으며, 콜레스테롤 수치를 정상적으로 유지하게 하는 식이섬유도 함유하고 있어서, 칼륨과 식이섬유의 상승 작용으로 고혈압 예방 효과를 발휘한다. 이 밖에도 면역력 향상에 도움을 주는 비타민 C를 풍부하게 함유하고 있는 것이 특징이다.

주요 영양소
비타민 비타민 C
미네랄 칼륨
식이섬유

제철 11~2월

고르는 법 자른 단면이 희고 싱싱하며, 잎이 단단하게 뭉쳐있고 손에 들었을 때 묵직한 것을 고른다.

효과 · 효능

변비 해소

당뇨병 예방

고혈압 예방

지질이상증* 예방

* 혈액 속에 나쁜 콜레스테롤과 중성지방이 너무 많거나 좋은 콜레스테롤이 적은 상태-옮긴이

건강하게 먹는 팁

● 조리법 **전골이나 국물 요리에 넉넉하게 넣어서 조리한다**

배추에 함유되어 있는 비타민 C와 칼륨은 수용성이므로 전골에 넉넉하게 넣거나 국물을 약간 걸쭉하게 완성하는 중화요리 등에 사용하면 좋다. 예를 들어 위점막을 보호하는 기능이 있는 우유와 배추를 함께 넣어 만든 중화풍 크림 조림은 위장 컨디션을 조절해주는 요리다. 국물도 남김없이 먹을 수 있도록 간을 약하게 해서 먹으면 영양 성분을 확실하게 섭취할 수 있으며 몸도 따뜻하게 만들어준다.

감기 예방

추천 레시피

배추 베이컨 그라탱

재료(2인분) & 만드는 법

1 배춧잎 3장(약 450g)은 세로로 반 자른 뒤 1㎝ 너비로 썬다. 베이컨 4장(약 60g)은 4㎝ 길이로 썬다.

2 지름 24㎝ 크기의 프라이팬에 버터 1큰술을 넣고 중불에서 녹인다. 배추를 넣고 살짝 볶은 뒤 고형 콩소메 ½개, 물 2큰술을 넣고 뚜껑을 덮어서 8~10분간 뭉근하게 끓인다.

3 베이컨을 넣고 중불에서 볶은 뒤 소금, 후춧가루를 약간씩 뿌린다. 피자용 치즈 50g을 뿌리고 뚜껑을 덮어서 치즈가 녹을 때까지 중불에서 2~3분간 익힌다.

(1인분 309kcal, 염분 2.1g)

봄의 나른한 증상을 개선하는

죽순

봄을 대표하는 채소로는 역시 죽순을 꼽을 수 있다. 영양가는 그다지 높지 않지만, 장 속에서 수분을 흡수해 부피를 늘림으로써 장의 활동을 활발하게 만드는 불용성 식이섬유가 풍부하다. 또 감칠맛을 내는 아스파라긴산은 단백질 합성을 도와 신진대사를 활발하게 하고 불안감과 불면증을 방지하는 성분으로, 죽순은 봄에 흔히 나타나는 불편한 증상들을 개선하는 데 더할 나위 없이 훌륭한 채소다.

주요 영양소
비타민 비타민 B군
미네랄 칼륨, 아연
식이섬유

제철 4~5월

고르는 법 자른 단면이 희고 변색되지 않았으며, 작지만 단단하고 무게감이 있는 것을 고른다.

효과 · 효능

고혈압 예방

피로 회복

피부 미용

불면증 해소

건강하게 먹는 팁

● 밑손질 **신선할 때 데친다**

죽순에는 아미노산의 일종인 티로신이라는 성분이 함유되어 있다. 이 성분은 뇌 속의 신경전달물질을 구성하는 것으로, 섭취하면 뇌 속의 물질인 도파민이 증가하여 불안감을 해소하고 기력을 향상시키는 효과가 있는 것으로 알려져 있다. 티로신은 데친 죽순에 붙어있는 하얀 가루 같은 덩어리로, 아미노산의 일종이므로 먹어도 괜찮다. 단, 죽순을 채취한 뒤 시간이 지나면 떫은맛 성분으로 바뀌므로 구입한 뒤 바로 데쳐놓는 것이 좋다.

memo

죽순을 미리 데쳐놓는 방법

죽순을 미리 데쳐놓는 방법은 여러 가지가 있는데, 죽순을 껍질째 쌀겨 한 줌, 고추 1~2개와 함께 1시간가량 데치는 방법이 일반적이다. 이때 함께 넣는 쌀겨가 죽순의 색을 희게 만들며, 고추는 떫은맛을 누그러뜨린다. 데친 죽순은 바로 꺼내지 않고 그대로 두며, 살짝 식으면 껍질을 벗겨 찬물에 담갔다가 냉장고에 넣어 보관하면 된다.

여름철 더위를 식혀주는

동과

동과는 한자로 '冬瓜'라고 쓰기 때문에 겨울철 채소로 오해하는 사람도 있는데, 사실 여름이 제철이다. 95% 이상이 수분이며, 과육은 부드럽고 맛과 향이 담백하다는 특징을 가지고 있다. 부종 해소와 고혈압 예방에 효과가 있는 칼륨을 비교적 많이 함유하고 있다. 몸을 차갑게 하는 기능도 있어서 더위에 지쳤을 때 먹으면 좋은 여름 채소다.

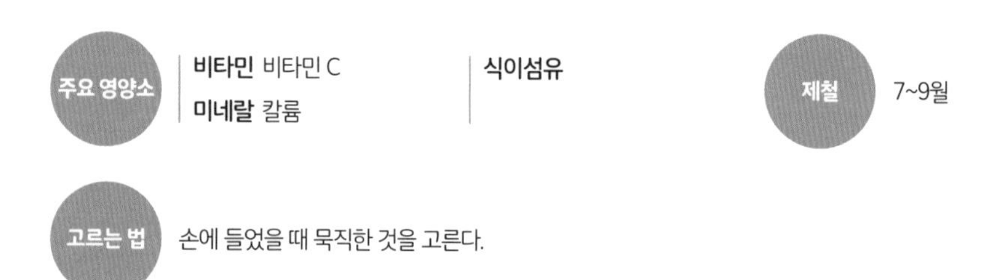

주요 영양소 | **비타민** 비타민 C | **식이섬유**
미네랄 칼륨

제철 7~9월

고르는 법 손에 들었을 때 묵직한 것을 고른다.

효과 · 효능

고혈압 예방

부종 해소

열사병 예방

건강하게 먹는 팁

● 좋은 음식 궁합 **비타민 B_1을 함유한 돼지고기와 함께 먹는다**

돼지고기는 피로 회복 효과가 있는 비타민 B_1을 함유하고 있어서 여름철 더위로 체력이 떨어졌을 때 동과를 함께 곁들이면 식욕을 돋울 수 있다. 감칠맛이 강한 국물이나 수프에 돼지고기와 동과를 함께 푹 끓이면 영양가 가득한 맛으로 여름철 지친 몸을 치유해줄 것이다.

memo

동과는 왜 '冬瓜'라고 쓸까?

여름에 수확한 것을 그대로 냉암소에 보관해두면 과육이 익으면서 껍질이 딱딱해져 겨울까지도 먹을 수 있어서 '冬瓜'라는 이름이 붙었다는 말도 전해진다. 또한 예로부터 한방약에 배합되는 동과의 씨는 '동과자'라고 불리며 소염, 이뇨, 진해 작용을 하는 것으로 알려져 있다.

암을 예방하는

토마토

토마토는 베타카로틴과 비타민 C를 풍부하게 함유하고 있는 녹황색 채소다. 미네랄류 중에서는 암과 노화의 원인이 되는 과산화수소를 분해하는 셀레늄이라는 성분과 칼륨을 함유하고 있다. 칼륨은 혈압 상승을 억제하는 기능이 있으므로 혈압이 높은 사람이 섭취하면 좋은 채소 중 하나다. 토마토 1개(약 150g)를 먹으면 1일 채소 섭취 권장량 350g의 절반 가까이를 먹을 수 있다는 점도 토마토의 매력이다.

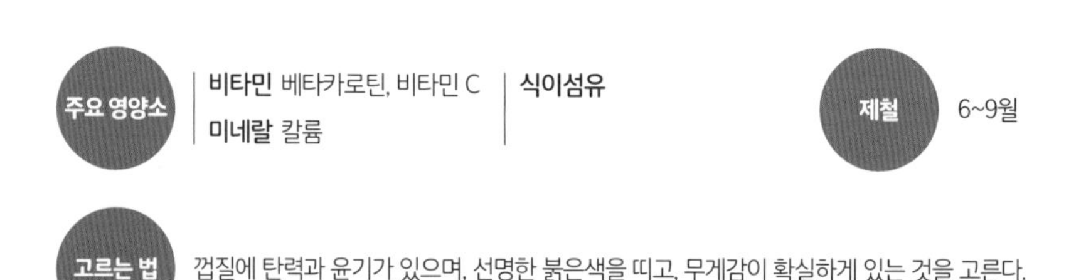

주요 영양소 | **비타민** 베타카로틴, 비타민 C | **식이섬유**
미네랄 칼륨

제철 6~9월

고르는 법 껍질에 탄력과 윤기가 있으며, 선명한 붉은색을 띠고, 무게감이 확실하게 있는 것을 고른다.

효과 · 효능

피부 미용 / 고혈압 예방 / 암 예방 / 동맥경화 예방

건강하게 먹는 팁

● 조리법 **기름과 함께 섭취한다**

토마토에 함유되어 있는 베타카로틴은 기름과 함께 섭취하면 흡수율이 높아지므로 올리브오일이나 참기름을 사용하여 요리하는 것이 중요하다. 간단한 요리를 만들고 싶다면 토마토에 드레싱만 뿌린 샐러드를 만들어보자. 시간이 넉넉할 때는 새우나 베이컨과 함께 살짝 볶아 영양 면에서도 균형 잡힌 메인 반찬으로 만들어도 훌륭하다. 기름의 종류에 따라 풍미도 달라지므로 다양한 방법으로 활용해보자.

● 좋은 음식 궁합 **단백질을 함유한 식재료와 함께 먹는다**

토마토에는 베타카로틴과 리코펜(잘 익은 토마토 등에 존재하는 일종의 카로티노이드 색소-옮긴이) 같은 항산화 성분이 풍부해 닭고기나 돼지고기, 치즈 등 양질의 단백질을 곁들여 먹으면 피로 회복 효과를 기대할 수 있다. 토마토가 제철을 맞이하는 여름은 더위로 몸이 지치는 시기이므로 단백질을 곁들인 볼륨감 있는 반찬으로 완성하여 건강하게 여름을 나도록 하자.

토마토에 관한 잡학 상식

토마토의 파이토케미컬

파이토케미컬은 채소나 과일의 색소, 향, 쓴맛, 떫은맛과 같은 화학 성분의 총칭으로, 노화 방지에 효과적인 물질로 많은 주목을 받고 있다. 토마토에 함유되어 있는 파이토케미컬은 루틴과 리코펜이다. 루틴은 비타민 P라고도 불리며, 모세혈관을 강화하여 고혈압을 예방하거나 동맥경화의 진행을 늦추는 작용을 한다. 리코펜은 토마토의 붉은색을 만드는 색소 성분이다. 높은 항산화 효과가 있어 암 예방, 노화 예방에 효과적이다.

토마토 가공식품의 영양

토마토의 리코펜은 열에 강해 끓이거나 구워도 항산화 효과가 줄지 않는다는 장점이 있다. 따라서 제철 토마토를 수확한 뒤 가공한 홀토마토나 토마토퓌레, 케첩, 토마토주스는 리코펜의 보고라고 할 수 있다. 홀토마토를 으깨서 국물 요리에 넣거나 토마토주스로 수프를 만드는 등 토마토 가공식품을 일상의 메뉴에 활용하면 단시간에 맛있는 요리를 완성할 수 있을 뿐만 아니라 토마토의 영양도 확실하게 챙길 수 있다.

방울토마토

도시락의 색감을 알록달록하게 만들 때 유용한 방울토마토는 일반 토마토에 비해 베타카로틴, 비타민 C, 칼륨, 식이섬유가 풍부하다. 자르지 않고 그대로 쓸 수 있다는 점도 매력이다. 한입에 쏙 들어가는 방울토마토는 다양한 품종이 있으며 크기와 맛도 모두 다르므로 용도에 맞게 다양하게 활용할 수 있다.

토마토 껍질을 벗기는 방법

토마토를 손질하는 기본적인 방법으로 잘 알려져 있는 것이 바로 '끓는 물에 살짝 데친 뒤 껍질을 벗기는 것'이다. 이 방법의 좋은 점은 일단 식감이 부드러워진다는 것이다. 뿐만 아니라 샐러드나 양념으로 만들었을 때 드레싱이나 조미료와 잘 어우러진다. 방법은 간단하다. 먼저 칼날의 끝부분으로 꼭지를 빼내고, 꼭지 반대편에 십자 모양의 칼집을 넣는다. 토마토를 거름망에 올려서 끓는 물에 담근 뒤 껍질이 벗겨지기 시작하면 꺼내서 냉수에 담그고 벗겨진 부분을 들어 올리면서 나머지 껍질을 벗기면 된다.

생기 넘치는 피부를 만드는

붉은 파프리카

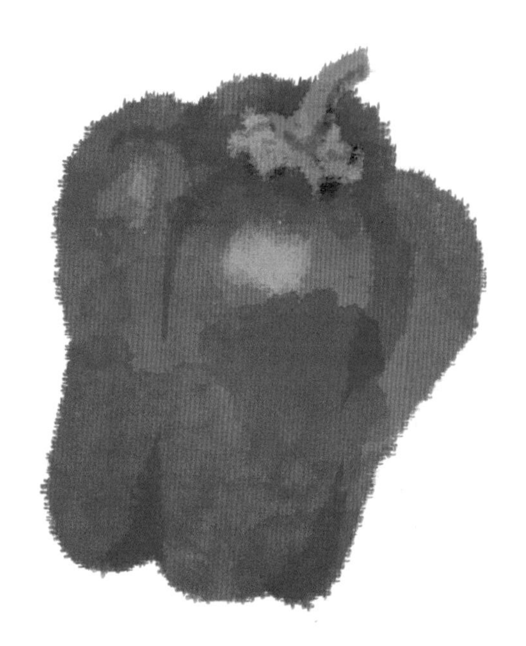

원래 파프리카는 고추를 총칭하는 이름인데, 우리나라에서는 크고 과육이 두꺼운 피망을 일반적으로 파프리카라고 부른다. 붉은 파프리카는 일반적인 녹색 피망과는 달리 큼직하고 단맛이 강한 것이 특징이다. 베타카로틴, 비타민 E는 녹색 피망의 약 5배, 비타민 C는 레몬의 약 2배를 함유하고 있는 영양가가 높은 채소이며, 붉은색 외에 노란색과 주황색 파프리카도 있다.

주요 영양소 | **비타민** 베타카로틴, 비타민 E, 비타민 B군, 비타민 C | **미네랄** 칼륨 **식이섬유**

제철 7~10월

고르는 법 과육이 두껍고 탄력이 있는 것을 고른다. 껍질이 주름진 것은 피한다.

효과 · 효능

피부 미용 / 혈액순환 촉진 / 피로 회복 / 동맥경화 예방

건강하게 먹는 팁

● 조리법 **기름에 볶아 먹는다**

파프리카에 함유되어 있는 베타카로틴과 비타민 E는 지용성이므로 올리브오일로 살짝 볶는 등 기름과 함께 조리하면 좋다. 참고로 파프리카는 피망 같은 풋내가 없으므로 날로 먹어도 맛있지만, 적당히 가열하면 단맛이 한층 강해지면서 깊은 맛이 난다.

memo

기능성 성분 캡산틴

붉은 파프리카와 홍피망에 함유되어 있는 캡산틴은 홍고추에 많이 함유되어 있는 색소 성분으로 베타카로틴과 같은 종류다. 강한 항산화 효과가 있는데 그 위력은 리코펜과 같거나 그 이상으로 알려져 있다. 좋은 콜레스테롤을 증가시키는 기능이 있어서 동맥경화 예방에 효과가 있을 뿐만 아니라 생활습관병 전반에 효과적인 성분으로 주목받고 있다.

배 속을 개운하게 만드는

적무

적무에는 다양한 종류가 있다. 껍질이 분홍색이고 속은 흰색인 레이디샐러드, 겉은 녹색이며 속이 선명한 분홍색을 띤 청피홍심무, 그리고 '20일 무'라는 별명을 가진 래디시가 있다. 3가지 모두 단맛이 강하며 부드러운 매운맛이 나는 것이 특징이다. 수분이 많고 섬유도 부드러워 샐러드나 무침 등 날로 먹기에 적합한 채소다.

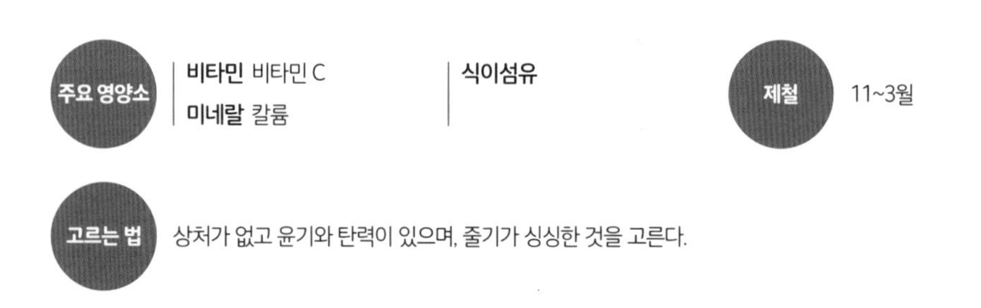

주요 영양소 | **비타민** 비타민 C | **식이섬유**
미네랄 칼륨

제철 11~3월

고르는 법 상처가 없고 윤기와 탄력이 있으며, 줄기가 싱싱한 것을 고른다.

효과 · 효능

변비 해소 | 대장암 예방 | 고혈압 예방 | 소화불량 해소

건강하게 먹는 팁

● 조리법 **익히지 않고 샐러드로 먹는다**

적무에 함유되어 있는 비타민 C를 섭취하는 데 가장 효과적인 방법은 날로 먹는 것이다. 적무의 단맛을 살려주는 조미료로는 식초가 가장 좋은데, 식초를 넣으면 적무의 붉은색이 더욱 선명해져 비주얼도 한층 좋아진다.

memo

래디시 이야기

흔히 마트에서 판매되는 래디시는 작고 둥근 모양 때문에 순무와 같은 종류로 오해하기 쉽다. 우리나라에서는 적무를 비롯하여 작은 무를 총칭하여 래디시라고 부른다. 래디시는 무와 마찬가지로 잎 부분에도 영양소가 함유되어 있으므로, 뿌리와 잎을 함께 샐러드로 만들어 남김없이 섭취하도록 하자.

여성에게 이로운 영양이 가득한

단호박

단호박은 서양계 호박의 한 품종으로 당도가 높다. 특히 주목할 만한 영양소는 베타카로틴으로 피망과 토마토의 8~10배에 달할 만큼 그 함유량이 압도적으로 많다. 비타민 C와 비타민 E도 풍부해서 3대 항산화 비타민 ACE(에이스)를 고르게 함유하고 있기 때문에 상승효과에 따른 항산화 작용과 피부 미용 효과를 기대할 수 있다.

비타민 베타카로틴, 비타민 E, 비타민 B군, 비타민 C
미네랄 칼륨
식이섬유
당질

5~9월

무게감이 있고, 껍질이 딱딱하며 윤기가 흐르는 것을 고른다.

효과 · 효능

피부 미용 | 감기 예방 | 혈액순환 촉진 | 냉증 개선

건강하게 먹는 팁

● 밑손질 **끓이거나 볶을 때는 껍질째 사용한다**

단호박 껍질에는 과육의 2배가 넘는 베타카로틴이 함유되어 있어 영양가가 풍부하다. 따라서 단호박을 끓이거나 볶을 때는 껍질째 조리하는 것이 좋다. 특히 끓이는 경우에는 껍질째로 조리해야 과육이 뭉개지지 않아 완성했을 때도 보기 좋다.

● 조리법 **전자레인지로 가열하여 샐러드를 만든다**

단호박을 전자레인지로 가열해서 부드럽게 만든 뒤 으깨서 마요네즈와 함께 버무리면 부드러운 맛의 샐러드를 완성할 수 있다. 전자레인지로 익혀서 수용성인 비타민 C도 손실되지 않을 뿐만 아니라 마요네즈를 쓰기 때문에 베타카로틴의 흡수율도 높아진다. 좋아하는 견과류나 건포도 등을 곁들여도 맛이 조화롭다.

memo

씨에도 영양이 들어있는 단호박

단호박의 씨는 버리기 쉬운데, 사실 씨에도 주목할 만한 영양 성분이 들어있다. 바로 콜레스테롤 수치를 낮춰 동맥경화를 예방하는 리놀레산이다. 단호박 씨는 시간은 걸리지만 볶아서 먹을 수 있으므로, 시간이 날 때 만들어놓으면 좋다.

젊음을 되찾아주는

당근

뿌리 채소 중 유일한 녹황색 채소인 당근은 서양 단호박의 2배나 되는 많은 베타카로틴을 함유하고 있다. 베타카로틴을 섭취하는 데 더없이 훌륭한 식재료로, 베타카로틴은 체내에서 비타민 A로 전환되어 눈 건강을 유지하거나 점막의 기능을 높여주고 피부를 건강하게 하는 기능을 한다. 당근을 통해 베타카로틴을 충분히 섭취하도록 하자.

주요 영양소

비타민 베타카로틴 | **식이섬유**
미네랄 칼륨 | **당질**

제철

4~7월
11~12월

고르는 법 선명한 붉은색을 띠고 탄력이 있으며, 껍질 표면이 매끄럽고 상처가 없는 것을 고른다.

효과 · 효능

눈의 피로 개선 / 시력 회복 / 소화 촉진 / 식욕 증진

건강하게 먹는 팁

● 밑손질 **껍질은 얇게 벗긴다**

당근에 함유되어 있는 베타카로틴은 껍질 부근에 많다. 따라서 껍질을 벗겨야 할 때는 되도록 얇게 벗기는 것이 좋다. 신선한 당근이나 늦봄에 나오는 가는 줄기가 달린 당근은 껍질이 부드러우므로 벗기지 않고 조리해도 맛있게 먹을 수 있다. 잘 씻어서 껍질째 조리하도록 하자.

● 조리법 **기름과 함께 조리한다**

다른 녹황색 채소와 마찬가지로 당근은 기름과 함께 조리하면 베타카로틴의 흡수율이 높아진다. 특히 올리브오일을 곁들이면 영양소를 효율적으로 섭취할 수 있을 뿐만 아니라 당근의 단맛과 풍미가 살아난다. 샐러드나 볶음 요리 어느 것으로 해도 맛있다.

memo

건강기능식품의 섭취

최근에는 자신에게 필요한 영양소를 건강기능식품을 통해 섭취하는 사람이 많아졌다. 건강기능식품이 편리하기는 하지만 영양소에 따라 과잉 섭취하면 건강을 해칠 수도 있다. 비타민 A가 바로 그 대표적인 예다. 식품으로 섭취하는 베타카로틴은 체내에서 필요한 만큼만 비타민 A로 전환되므로 과잉 섭취에 대한 걱정은 하지 않아도 된다.

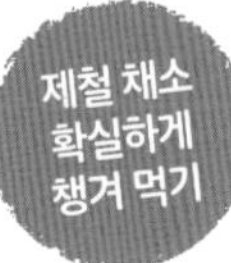

영양가 높은 여름 채소

옥수수

말린 옥수수는 쌀, 보리와 함께 주요 곡물로 분류되지만, 날옥수수의 미숙종자(스위트콘)는 채소 종류에 속한다. 채소 중에서는 고칼로리이며 당질을 많이 함유하고 있는 것이 특징이다. 변비 개선, 대장암 예방에 효과를 발휘하는 식이섬유와 당질을 에너지로 바꾸는 비타민 B_1 등 영양을 고루 함유하고 있다.

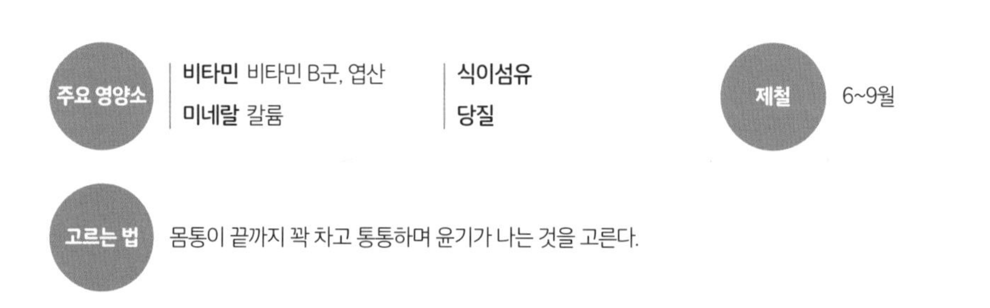

주요 영양소
비타민 비타민 B군, 엽산
미네랄 칼륨
식이섬유
당질

제철 6~9월

고르는 법 몸통이 끝까지 꽉 차고 통통하며 윤기가 나는 것을 고른다.

효과 · 효능

변비 해소 | 피로 회복 | 동맥경화 예방 | 골다공증 예방

건강하게 먹는 팁

● 밀손질 **옥수수알은 살살 떼어낸다**

옥수수는 알갱이의 씨눈에 리놀레산, 비타민 B_1, 식이섬유 등 다양한 영양소를 함유하고 있다. 따라서 옥수수알과 씨눈이 붙어있는 상태로 떼어낼 수 있도록 조심스럽게 작업한다.

● 조리법 **삶지 말고 찐다**

옥수수는 물을 많이 넣고 삶으면 단맛이 사라지고 삶은 뒤에도 축축해지므로 찌는 것이 더 좋다. 안쪽 껍질 2~3장만 남기고 나머지는 벗긴 뒤 프라이팬에 늘어놓고 물을 3~4큰술 넣은 뒤 뚜껑을 덮고 찌면 된다. 푹 찌면 옥수수에 함유되어 있는 당질의 감칠맛이 응축되어 단맛이 증가한다.

memo

옥수수수염 이야기

옥수수수염은 암술의 화주(암술대)로, 암술대의 개수는 알갱이의 개수와 같다. 보통 요리에는 사용되지 않지만, 한방에서는 '남만모'라고 불리며 부종을 제거할 때 쓴다. 이는 옥수수수염에 많이 함유되어 있는 칼륨이 이뇨 작용을 촉진해 부종 해소에 도움을 주기 때문이다. 간혹 포타주(프랑스 요리에서 수프의 총칭-옮긴이)나 밥을 지을 때 잘게 다져서 함께 조리하기도 한다.

식이섬유가 풍부한 가을 과실

밤

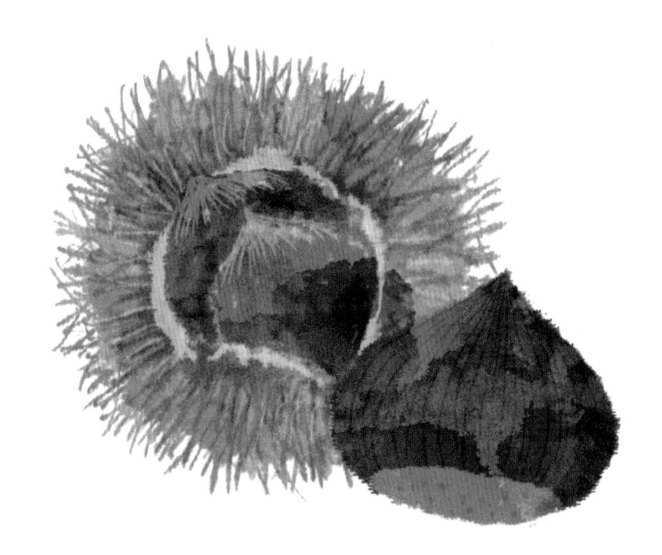

밤은 채소는 아니지만 밥을 지을 때 함께 넣기도 하고 끓이거나 볶는 요리에도 사용해 채소와 같은 쓰임새를 가지며 가을의 맛을 대표한다. 밤의 영양소는 다채로운데 비타민 C, 칼륨, 식이섬유가 풍부한 과일의 특성과 비타민 B군, 마그네슘, 동, 아연이 풍부한 견과류의 특성, 녹말이 풍부한 곡류의 특성을 두루 갖추고 있다.

주요 영양소

- **비타민** 비타민 B군, 비타민 C
- **미네랄** 칼륨, 마그네슘, 동, 아연
- **식이섬유**
- **당질**

제철 9~10월

고르는 법 껍질이 탱탱하고, 모양이 통통하며, 표면에 상처가 없는 것을 고른다.

효과 · 효능

고혈압 예방

노화 방지

암 예방

건강하게 먹는 팁

● 조리법 **속껍질을 벗기지 않고 조리한다**

밤의 속껍질에는 레드와인과 녹차에 함유되어 있는 쓴맛 성분인 타닌이 풍부하게 함유되어 있다. 타닌은 강력한 항산화 작용을 해 암 예방과 노화 방지에 효과가 있는 것으로 알려져 있다. 타닌을 확실하게 섭취할 수 있는 메뉴로는 밤의 속껍질을 벗기지 않고 만드는 밤 조림과 마롱글라세(밤을 진한 설탕 시럽에 조린 뒤 설탕옷을 입힌 것-옮긴이)가 있다. 둘 다 모두 만들기가 간단하지는 않으므로 시판되는 것을 구입해서 먹는 것도 좋은 방법이다. 밤의 속껍질에는 타닌이라는 항산화 성분이 듬뿍 함유되어 있다는 사실을 꼭 기억하자.

memo

밤에 들어있는 비타민 C

밤에 들어있는 비타민 C는 감자의 비타민 C와 마찬가지로 녹말에 둘러싸여 보호되기 때문에 가열해도 쉽게 파괴되지 않는 특징이 있다. 따라서 밤은 밥을 지을 때 넣거나 쪄서 먹어도 비타민 C를 확실하게 섭취할 수 있다. 같은 비타민 C라도 식품에 따라 다른 특성을 가진다는 사실을 기억하자.

고혈압을 예방하는

표고버섯

버섯류의 공통된 특징은 식이섬유가 풍부하고 칼로리가 낮다는 점이며, 표고버섯도 역시 그런 특징을 가지고 있다. 표고버섯에 함유되어 있는 영양소 중 주목할 만한 것은 렌티난이라는 식이섬유인데, 이 렌티난은 백혈구를 활성화시키고 면역력을 높이는 작용을 해 암세포 증식을 억제하는 성분으로 주목받고 있다.

비타민 비타민 D, 비타민 B군
미네랄 칼륨, 아연
식이섬유

3~5월
9~11월

고르는 법 전체적으로 잘 마르고, 기둥이 두꺼우며, 갓이 너무 많이 벌어지지 않은 것을 고른다.

효과 · 효능

장내 환경 개선 / 동맥경화 예방 / 골다공증 예방 / 암 예방

건강하게 먹는 팁

● 밑손질 밑동은 되도록 갓에 가깝게 자른다

많은 버섯류에 함유되어 있는 식이섬유 중 하나가 베타글루칸이다. 베타글루칸은 당질과 지질의 흡수를 억제하여 암 예방에 효과가 있다고 알려진 성분이다. 베타글루칸은 밑동에 집중적으로 함유되어 있으므로, 밑동은 되도록 버리는 부분 없이 갓과 분리하여 자르도록 하자.

● 조리법 국물 요리는 간을 약하게 한다

표고버섯에 함유되어 있는 베타글루칸은 수용성 식이섬유로 물에 녹는 성질이 있으므로, 국물 요리로 만들 때는 국물을 남김없이 먹을 수 있도록 간을 약하게 하는 것이 중요하다. 버섯은 국물 맛을 내는 재료로도 쓰이므로 반드시 버섯의 감칠맛을 살려서 조리하도록 한다.

memo

건표고버섯의 영양가

날표고버섯에 함유되어 있는 에르고스테롤은 자외선을 받으면 비타민 D로 바뀌며 함유량도 증가하는 특성이 있다. 그만큼 건표고버섯은 날표고버섯보다 영양가가 높다. 비타민 D에는 칼슘의 흡수를 촉진하는 기능이 있어서 건표고버섯을 사용한 요리는 골다공증을 예방하는 효과가 탁월하다.

배 속이 상쾌해지는

잎새버섯

잎새버섯은 일본에서 춤추는 버섯이라고 불리기도 하는데, 이는 이 버섯을 발견한 사람들이 기뻐서 춤을 췄다는 데서 유래한 이름이다. 잎새버섯에는 면역력을 높이고 암세포의 번식을 억제하는 성분으로 주목받는 베타글루칸이 풍부하다. 뿐만 아니라 비타민 B_1, 비타민 B_2를 많이 함유하고 있어서 탄수화물이 풍부한 식재료와 함께 먹으면 에너지대사를 촉진하여 피로 회복이 빠르다.

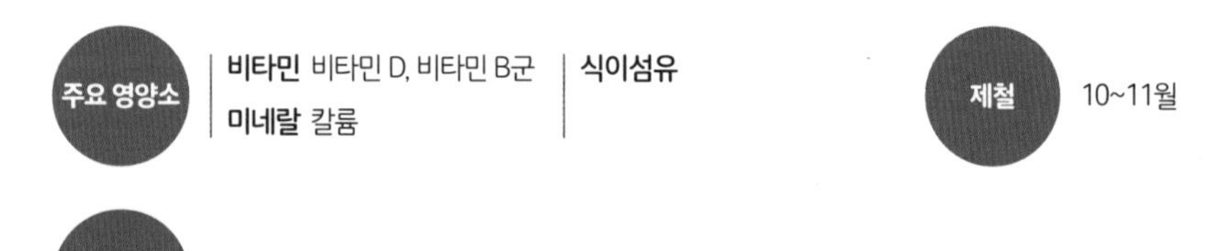

효과 · 효능

장내 환경 개선 | 동맥경화 예방 | 골다공증 예방 | 변비 해소

건강하게 먹는 팁

● 조리법 **국물 요리는 간을 약하게 한다**

표고버섯과 마찬가지로 잎새버섯에 함유되어 있는 베타글루칸은 수용성 식이섬유다. 물에 녹는 성질이 있으므로 국물 요리로 만들 때는 국물째 남김없이 먹을 수 있도록 간을 약하게 하는 것이 중요하다. 잎새버섯은 특히 베타글루칸의 함유량이 많으므로 수프에 넉넉히 넣어 만들면 변비 해소에도 도움이 된다.

● 밑손질 **용도별로 잘라서 냉동 보관한다**

버섯류는 쉽게 상하므로 되도록 빨리 먹는 것이 좋으며, 바로 사용하지 않는 경우에는 냉동 보관하는 것이 좋다. 버섯을 조리하기 편한 크기로 자르거나 찢은 뒤 지퍼백에 넣어 냉동해두면 다음에 요리할 때 사용하기 편리하다. 결과적으로 버섯의 영양을 쉽게 섭취할 수 있어서 일석이조의 효과가 있는 방법이다.

식이섬유 듬뿍

추천 레시피

잎새버섯 토마토 리소토

재료(2인분) & 만드는 법

1 따뜻한 밥(약 180g)은 살짝 물로 헹군 뒤 물기를 털어낸다. 잎새버섯 1팩(약 100g)은 손으로 찢는다.

2 냄비에 토마토주스(무염)와 물을 각각 1컵, 고형 콩소메 ½개, 버터 1큰술을 넣고 중불에 올린 뒤 끓어오르면 밥, 잎새버섯을 넣고 3~4분간 더 끓인다.

3 소금, 후춧가루를 약간씩 넣어 간을 맞춘 뒤 그릇에 담고 치즈가루 1큰술을 뿌린다.

(1인분 242kcal,염분 1.2g)

피로 회복에 좋은

만가닥버섯

만가닥버섯은 자연재배보다는 인공재배를 많이 하고, 쉽게 구할 수 있으며, 부드러운 감칠맛이나 다양한 요리에 이용된다. 만가닥버섯에 많이 함유되어 있는 식이섬유는 변비 해소와 콜레스테롤 수치를 개선하는 데 효과를 발휘한다. 또한 비타민 B_2는 에너지대사를 촉진하여 피로 회복을 돕는다.

주요 영양소

비타민 비타민 D, 비타민 B군 | **식이섬유**

미네랄 칼륨

제철 9~10월

고르는 법 갓이 작고, 탄력이 있으며, 대가 굵은 것을 고른다.

효과 · 효능

장내 환경 개선 / 동맥경화 예방 / 골다공증 예방 / 변비 해소

memo

버섯이 메인인 밑반찬

간편하게 사용하는 밑반찬 '팽이버섯 병조림'

직접 밑반찬을 만들 시간이 없는 사람에게 추천하고 싶은 것이 팽이버섯 병조림이다. 간이 되어 있는 병조림의 특성을 살려 조미료로 활용할 수도 있다. 두부에 얹거나 면에 뿌려도 좋고 채소를 무칠 때 양념으로 써도 좋다. 밑손질 할 필요 없이 버섯을 바로 요리에 활용할 수 있어서 애용하는 아이템이다.

직접 만드는 밑반찬 '버섯 믹스'(153쪽 참조)

버섯은 종류에 따라 함유되어 있는 성분이 조금씩 다르므로 매일 다른 종류의 버섯을 다양하게 곁들여 먹으면 한층 효율적으로 균형 있게 영양을 섭취할 수 있다. 내가 자주 만드는 것은 버섯 몇 가지를 단백질을 함유한 식재료와 함께 곁들여 좋은 식감을 즐길 수 있는 밑반찬이다. 간을 맞춰 놓으면 따로 양념을 할 필요가 없기 때문에 만들어서 냉장고에 넣어놓는 것만으로도 안심이 된다. 육수를 안 쓰고 맛을 낼 수 있다는 것도 장점이다.

스트레스 해소에 효과적인

새송이버섯

새송이버섯은 오독오독한 식감이 특징으로, 에너지대사를 촉진하는 비타민 B_1과 비타민 B_2, 판토텐산 등 비타민류가 풍부하게 들어있다. 버섯류 전반에 함유되어 있는 판토텐산에는 스트레스를 완화하는 효과와, 피부와 모발 건강을 유지하도록 돕는 기능이 있다.

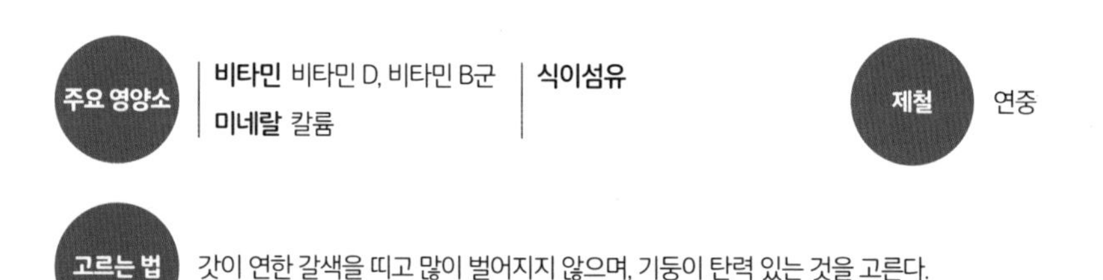

효과 · 효능

장내 환경 개선 | 동맥경화 예방 | 스트레스 해소 | 변비 해소

2가지 버섯으로 볼륨감 만점!

추천 레시피

버섯 믹스

재료(만들기 쉬운 분량) & 만드는 법

1 만가닥버섯 1팩(약 100g)은 밑동을 잘라내고 작게 자른다. 새송이버섯 100g은 길이를 반으로 자른 뒤 세로로 반 잘라서 길고 얇게 썬다.

2 냄비에 설탕 1큰술, 맛술과 간장을 각각 2큰술, 다진 닭고기 200g, 생강 잘게 다진 것 1큰술을 넣고 나무주걱으로 잘 섞는다.

3 만가닥버섯과 새송이버섯을 넣고 중불에 올린 뒤 물기가 없어질 때까지 4~5분간 졸인다.

4 밀폐용기에 담아 냉장고에 넣어두면 2~3일간 보관할 수 있다.

(전량 503kcal, 염분 5.4g)

버섯 믹스 응용 메뉴

- 밥에 곁들이면 간단한 비빔밥
- 두부에 올리면 간단한 두부양념장
- 달걀물에 섞으면 간단한 오믈렛
- 채소와 섞으면 일본식 샐러드

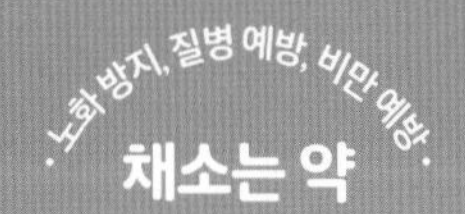

채소 외에 어떤 에너지원이 있을까?

몸에 좋은 에너지원

과일, 대두가공식품, 해조류, 견과류, 참깨

채소 외에도 건강한 몸을 만드는 에너지 공급원은 많다. 예를 들어 과일은 채소에 절대 뒤지지 않는 에너지 공급원이다. 비타민과 미네랄류가 풍부하며 과일에만 있는 단맛과 신맛은 때로는 마음을 안정시켜주기도 하며 때로는 머리를 맑게 해주기도 한다. 과일은 알게 모르게 우리에게 에너지를 공급하는 존재다. 이렇게 과일을 비롯한 '몸에 좋은 에너지원'을 똑똑하게 먹기 위한 비법이 있다. 이 책을 통해 여러분이 '맛만 좋은 게 아니구나!', '이렇게 영양가가 높다니!', '채소 말고도 먹을 게 많네!'라고 느끼게 되길 바란다.

채소와 함께
매일 먹으면 좋은
헬시 푸드!

항산화 효과가 뛰어난

사과

사과의 주요 영양 성분은 칼륨과 식이섬유다. 다른 영양소가 그다지 많지 않음에도 사과가 '의사가 필요 없는 과일', '먹으면 장수하는 과일'로 불리는 이유는 바로 풍부한 기능성 성분 때문이다. 사과에 함유되어 있는 폴리페놀은 지방의 소화 흡수를 억제하는 효과와 피로 회복 효과 외에도 항산화 작용을 통해 노화를 방지하는 효과가 있는 것으로 알려져 있다.

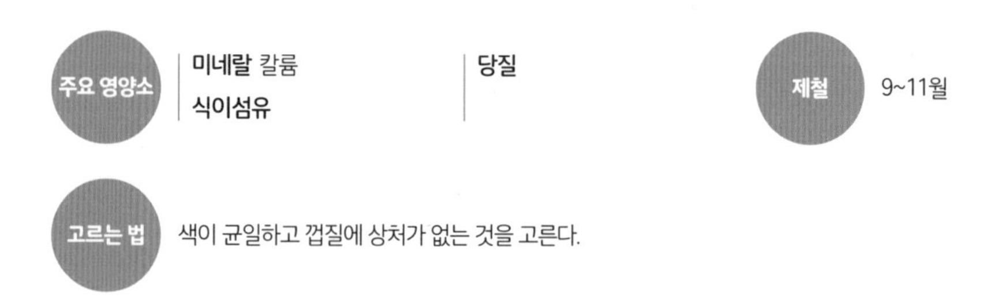

효과 · 효능

피로 회복 | 고혈압 예방 | 당뇨병 예방 | 변비 해소

건강하게 먹는 팁

● 조리법 **껍질째 먹는다**

사과 껍질에는 식이섬유와 시력 회복에 도움이 되는 성분인 안토시아닌이 함유되어 있고, 과실 전체의 약 ⅓에 해당하는 영양분이 들어있으므로 벗기지 않고 그대로 먹는 것이 좋다. 사과를 재배할 때 장마 전후에 살균제(농약)를 살포하는데 열매가 열리는 것은 그다음이다. 열매가 열린 다음에 농약을 살포하는 일은 거의 없으며 출하 전의 잔류 농약 기준도 정해져 있으므로 껍질째 먹는 것이 몸에 해로울까 봐 걱정하지 않아도 된다.

memo

수용성 식이섬유 펙틴

탄수화물 중 당질이 아닌 것이 식이섬유인데, 식이섬유는 체내에서 소화가 되지 않는 난소화성 다당류다. 이 같은 식이섬유 중에서 물에 녹는 것이 바로 수용성 식이섬유다. 펙틴은 과일이나 채소에 많이 함유되어 있는 수용성 식이섬유의 일종으로 젤 상태에서 혈당치의 급격한 상승을 막고 콜레스테롤의 흡수를 억제하는 기능을 한다.

사과 콩포트

재료(2인분) **& 만드는 법**

1 사과 1개를 잘 씻어서 껍질째 세로로 6등분한 뒤 씨를 제거한다.

2 내열용기에 화이트와인과 물을 각각 ½컵, 설탕 40g을 넣고 잘 섞는다. 사과와 얇게 썬 레몬 4장을 넣고 랩을 씌운 뒤 전자레인지에서 5분간 가열한다. 전자레인지에서 꺼내 위아래를 뒤집어주고 다시 랩을 씌워 5분간 가열한다.

3 그릇에 옮긴 뒤 민트 잎(선택 사항)을 적당량 장식한다. 냉장고에 넣어두고 시원하게 먹어도 맛있다.

(1인분 135kcal, 염분 0g)

memo

사과 손질법

변색을 막는다

사과는 자르고 나서 시간이 지나면 갈색으로 변하는데, 이는 과육에 함유되어 있는 폴리페놀이 산화되기 때문이다. 산화를 막으려면 묽은 소금물에 담가놓는 것이 효과적이다. 이렇게 하면 소금 성분이 폴리페놀 주변에 벽을 만들어 효소의 작용을 막아준다. 참고로, 소금물에 담갔을 때 짠맛이 걱정된다면 레몬즙을 뿌려놓아도 된다.

껍질째 사용할 때는 깨끗하게 씻는다

사과를 껍질째 사용할 때는 표면을 깨끗하게 씻는 작업이 필수다. 이때 채소나 과일 전용 스펀지를 사용하면 편리하다. 부드러운 스펀지를 사용하면 전체를 골고루 씻을 수 있다. 참고로, 사과 껍질 표면이 미끈거리는 경우가 있는데, 이는 리놀레산과 올레인산이 껍질의 납물질(왁스)을 녹여서 생긴 현상이다. 농약이 아니므로 걱정하지 않아도 된다.

식사 대용으로 훌륭한 에너지원

바나나

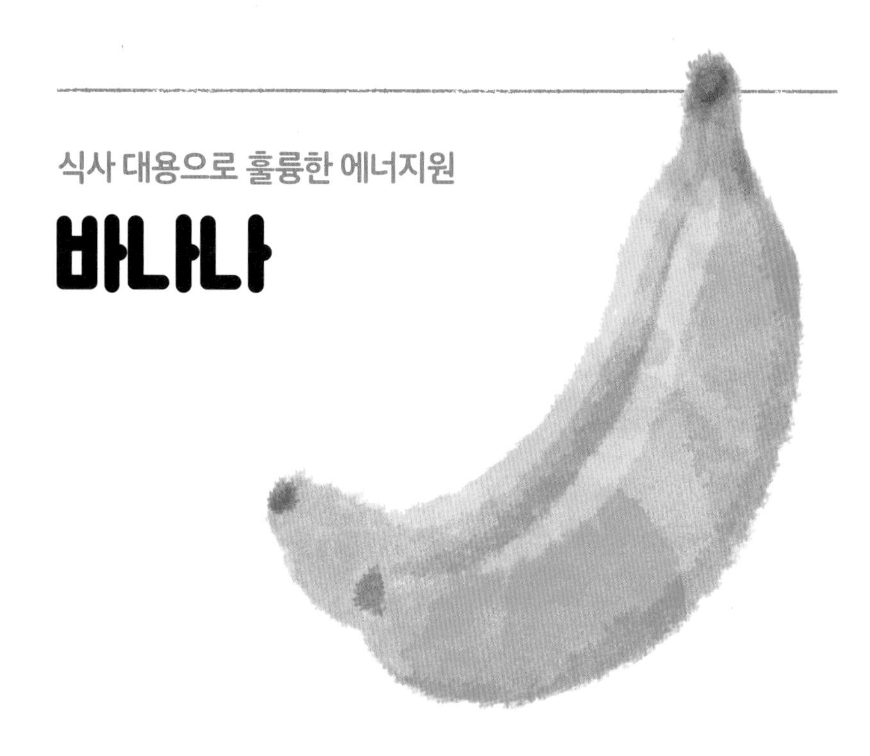

언제나 부담 없는 가격에 살 수 있는 바나나는 고구마나 감자와 겨룰 수 있을 만큼 탄수화물을 많이 함유하고 있는 과일이다. 바나나의 탄수화물에는 녹말, 포도당, 과당, 자당이 골고루 함유되어 있다는 것이 큰 특징이다. 이 밖에도 변비를 예방하거나 혈당 및 콜레스테롤 수치의 상승을 억제하는 수용성 식이섬유 펙틴, 피부 미용에 반드시 필요한 성분인 비타민 C 등이 풍부하게 함유되어 있다.

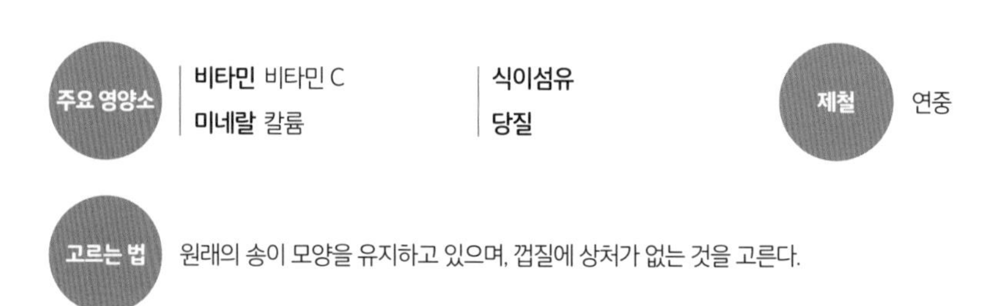

주요 영양소 | **비타민** 비타민 C | **식이섬유**
미네랄 칼륨 | **당질**

제철 연중

고르는 법 원래의 송이 모양을 유지하고 있으며, 껍질에 상처가 없는 것을 고른다.

효과 · 효능

피부 미용　동맥경화 예방　체력 강화　장내 환경 개선

건강하게 먹는 팁

● 조리법 **껍질을 벗겨 그대로 즐긴다**

비타민, 미네랄, 식이섬유 등 다양한 영양 성분을 고루 함유하고 있는 바나나는 식사 대용으로도 손색이 없다. 칼을 쓰지 않고도 껍질을 벗길 수 있으므로 아침식사나 저녁식사를 하기 여의치 않을 때 손쉽게 먹을 수 있는 에너지 공급원으로 최고의 식품이다.

memo

에너지 공급원으로서의 바나나

바나나는 먹으면 바로 에너지원이 되며 오랫동안 지속되는데, 이는 바나나에 함유되어 있는 당질과 녹말이 체내에서 다르게 흡수되기 때문이다. 먹은 뒤 바로 에너지원이 되는 것은 당류이고, 서서히 지구성 높은 에너지원이 되는 것은 녹말이다. 이 두 가지를 함께 먹기 때문에 바나나는 효율적이면서 지속적인 에너지 공급원이 될 수 있다.

피부 미용에 좋은

키위

뉴질랜드를 상징하는 새, 키위와 모습이 닮았다고 해서 이름이 붙여졌다는 키위는 비타민 C가 풍부한 과일이다. 비타민 C 함유량은 레몬보다도 많은데, 1개를 먹으면 하루 필요량을 거의 섭취할 수 있을 정도다. 비타민 C뿐만 아니라 비타민 E와 폴리페놀도 함유하고 있어서 강력한 항산화 효과를 자랑한다. 고혈압 예방에 도움을 주는 칼륨과 혈당치의 상승을 억제하는 식이섬유가 풍부하다는 것도 매력적이다.

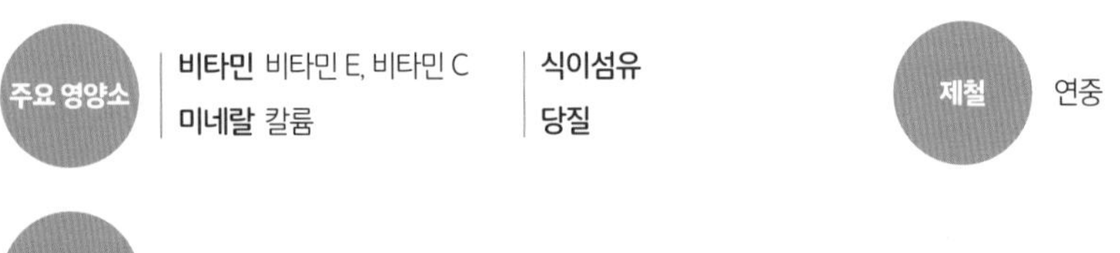

효과 · 효능

피부 미용 / 고혈압 예방 / 동맥경화 예방 / 스트레스 해소

건강하게 먹는 팁

● 좋은 음식 궁합 **고기와 함께 먹는다**

키위는 단백질의 소화를 촉진하여 소장에서의 흡수율을 높이는 단백질분해효소 액티니딘을 함유하고 있다. 따라서 고기나 생선 요리를 즐긴 뒤 디저트로 키위를 먹으면 이 효소가 단백질의 소화 흡수를 돕는 역할을 한다. 또한 강판에 간 키위를 양념에 넣어 고기를 재워놓으면 육질이 부드러워지는 효과도 얻을 수 있다. 단, 가열하면 효소의 기능은 사라진다.

memo

그린 키위와 골드 키위

그린 키위와 골드 키위는 맛은 물론이고 함유되어 있는 영양 성분도 다르다. 먼저 그린 키위는 베타카로틴과 단백질분해효소인 액티니딘을 많이 함유하고 있는 데 반해 골드 키위는 비타민 C와 칼륨의 함유량이 풍부하다. 또 맛은 그린 키위가 상큼하고 신맛이 나는 데 반해 골드 키위는 단맛이 강한 것이 특징이다.

기분을 상쾌하게 해주는

자몽

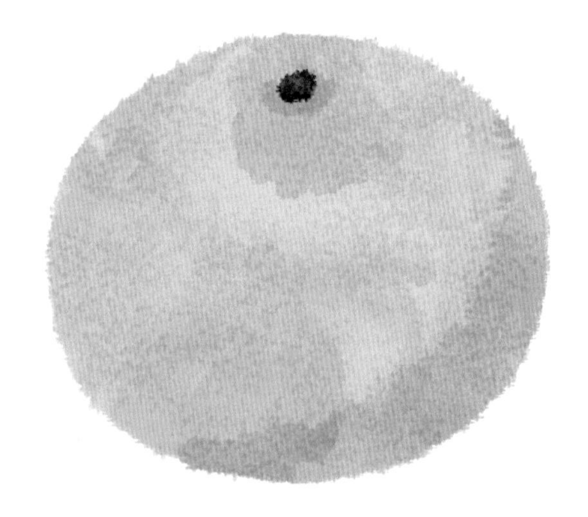

자몽은 면역력을 향상시키고 노화를 방지하며 피부 미용에 도움을 주는 비타민 C가 풍부하다. 자몽 특유의 쓴맛은 폴리페놀의 일종인 나린진이라는 성분에 의한 것으로, 항산화 작용뿐만 아니라 중성지방을 분해하는 기능이 있다고 알려져 있다. 또한 교감신경을 활성화하여 기분을 상쾌하게 해주며 신진대사를 높이는 효과가 있다.

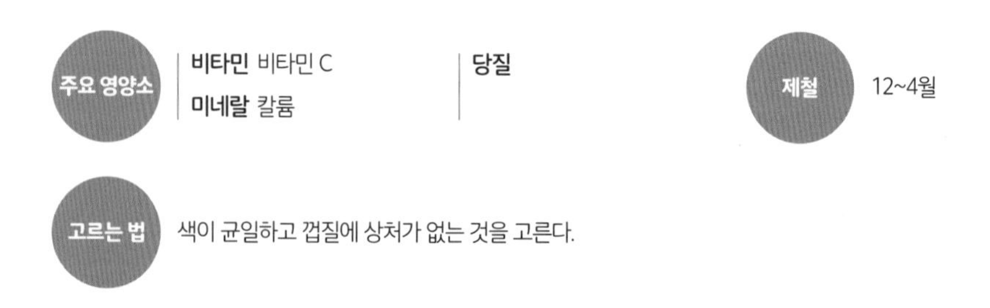

주요 영양소

비타민 비타민 C
미네랄 칼륨

당질

제철 12~4월

고르는 법 색이 균일하고 껍질에 상처가 없는 것을 고른다.

효과 · 효능

피부 미용 / 노화 방지 / 비만 예방 / 피로 회복

건강하게 먹는 팁

● 좋은 음식 궁합 **홍차와 함께 먹는다**

자몽에 함유되어 있는 구연산은 체내에서 에너지를 만드는 사이클을 활발하게 만들어 피로 회복, 식욕 증진과 같은 효과를 기대할 수 있다. 한편, 홍차에 함유되어 있는 카페인은 뇌를 각성시키는 작용을 한다. 따라서 자몽과 홍차를 몸이 피곤할 때나 심리적으로 지쳤을 때 함께 먹으면 상쾌하게 해주는 효과가 극대화된다. 몸과 마음을 확실하게 깨우기 위해 아침 식탁에 올리는 것도 좋은 아이디어다.

memo

함께 먹으면 안 되는 약

자몽과 함께 복용하면 예상치 못한 증상을 유발하는 약이 몇 가지 있다. 흔히 알려져 있는 것이 고혈압 치료제인데, 자몽과 함께 복용하면 혈압이 지나치게 낮아지거나 심박동이 빨라지는 등 부작용을 유발할 수 있으므로 주의해야 한다. 자몽과의 상호작용이 우려되는 약을 복용하고 있는 경우에는 반드시 의사와 상담하도록 하자.

감기를 예방하는

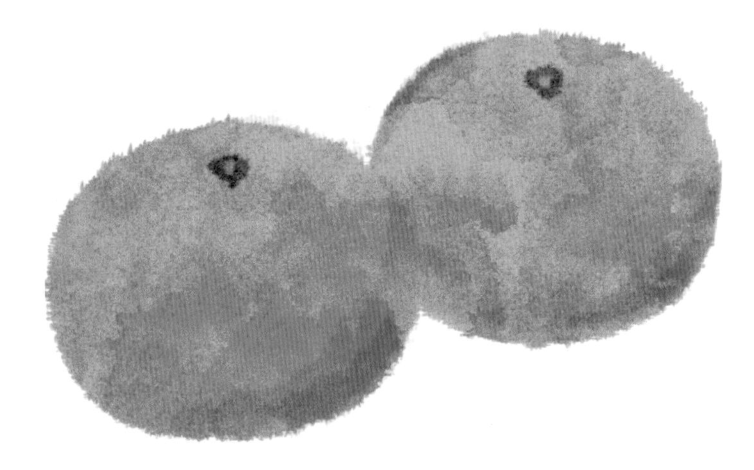

귤은 감귤류를 대표하는 과일로, 베타카로틴과 비타민 C가 풍부하다. 베타카로틴은 토마토의 약 2배이고, 비타민 C는 귤 3개를 먹으면 하루의 필요량을 충족할 수 있을 정도다. 그리고 구연산도 많이 함유되어 있어 피로 회복과 감기 예방에도 효과가 있다. 또한 귤에 함유되어 있는 베타크립토잔틴은 골다공증과 생활습관병 예방 효과가 있다고 알려져 있다.

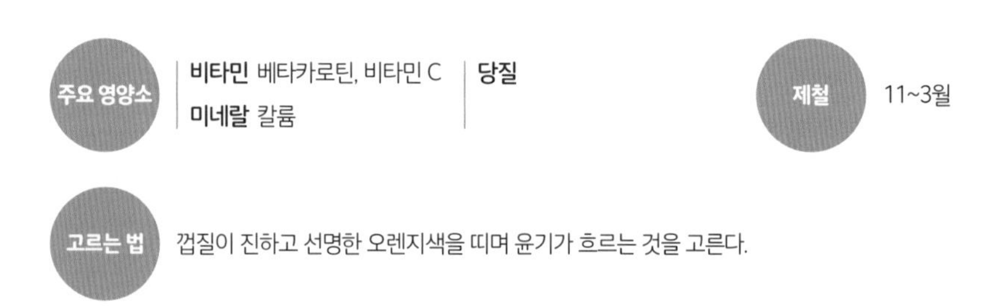

효과 · 효능

피부 미용 / 감기 예방 / 피로 회복 / 골다공증 예방

건강하게 먹는 팁

● 조리법 **하얀 껍질도 먹는다**

귤의 겉껍질을 벗기면 하얀 실 같은 물질이 과육에 붙어있는데, 이를 귤락이라고 한다. 이 귤락과 과육을 둘러싼 막을 벗겨 먹는 사람이 있는데, 사실 이 부분에 영양분이 많이 함유되어 있다는 사실을 알고 있는가? 이 부분에는 비타민 C의 흡수율을 높이는 비타민 P가 함유되어 있는데, 비타민 P는 모세혈관을 강하고 유연하게 유지하며 혈압을 낮추는 효과가 있으므로 벗겨내지 말고 다 먹도록 하자.

memo

오렌지의 영양가

귤과 마찬가지로 오렌지도 비타민 C를 많이 함유하고 있는 감귤류 중 하나다. 귤과 마찬가지로 구연산을 함유하고 있어서 감기 예방과 피부 미용, 피로 회복에 효과가 있다. 과육으로 먹기도 하지만 과육을 짜서 주스로 먹는 것도 좋은 방법이다. 오렌지는 주스로 먹어도 비타민 C가 쉽게 파괴되지 않는다.

몸속부터 상쾌해지는

레몬

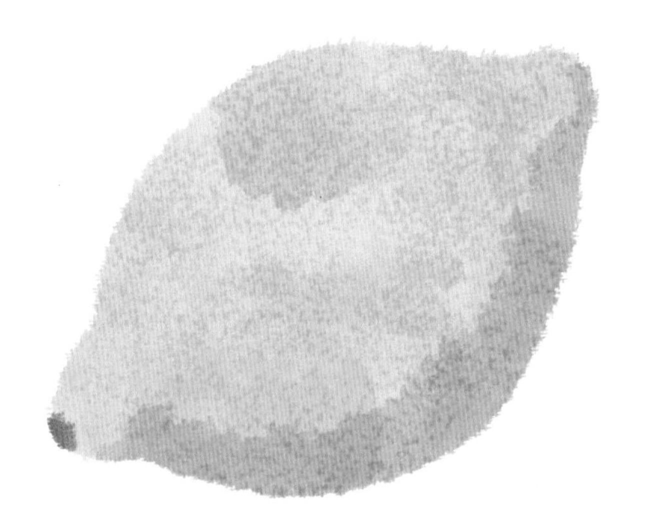

레몬은 면역력을 향상시키며 노화 방지와 피부 미용에 도움을 주는 비타민 C를 풍부하게 함유하고 있다. 감귤류 중에서도 비타민 함유량이 높은 편이다. 자몽과 마찬가지로 독특한 쓴맛은 폴리페놀의 일종인 나린진에 의한 것으로, 이 성분은 항산화 작용을 하고 중성지방을 분해하는 기능이 있다. 또한 향기 성분인 리모넨은 교감신경을 활성화하여 기분을 상쾌하게 만드는 효과가 있다.

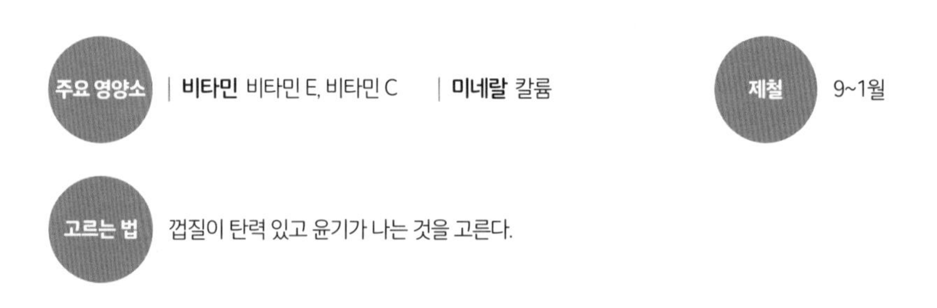

주요 영양소 | **비타민** 비타민 E, 비타민 C | **미네랄** 칼륨

제철 9~1월

고르는 법 껍질이 탄력 있고 윤기가 나는 것을 고른다.

효과 · 효능

- 피부 미용
- 피로 회복
- 비만 예방
- 노화 방지

건강하게 먹는 팁

● 조리법 **껍질을 활용한다**

레몬의 향기 성분인 리모넨은 껍질에 압도적으로 많이 함유되어 있으므로 껍질째 요리에 사용하거나 껍질을 강판에 갈아 향을 즐기는 메뉴로 응용하면 좋다. 예전에는 껍질까지 먹으려면 국산 레몬이어야 한다는 말도 있었는데, 현재는 수입품에 대해서도 잔류 농약 검사를 하므로 기본적으로는 안전하다. 깨끗한 스펀지로 껍질을 잘 씻은 뒤에 사용하면 된다.

추천 레시피

레몬 버터 크림

재료(만들기 쉬운 분량) **& 만드는 법**

1 레몬 2개를 깨끗하게 씻은 뒤, 1개만 노란 껍질을 강판에 간다. 레몬을 짜서 레몬즙 70ml를 만든다. 달걀 2개를 풀어서 체에 거른다.

2 내열용기에 설탕 60g, 레몬 껍질 간 것, 레몬즙, 버터(무염) 100g을 넣고 랩을 씌운 뒤 전자레인지에서 2분간 가열한다. 버터가 녹으면 꺼낸 뒤 달걀 푼 것을 조금씩 넣으면서 거품기로 잘 섞는다.

3 다시 랩을 씌우고 전자레인지에서 1분간 가열한 뒤 거품기로 잘 섞고 다시 랩을 씌워서 30초간 가열한다. 전자레인지에서 꺼내고 가끔씩 거품기로 섞어가면서 식힌다. 밀폐용기에 담아 냉장고에 넣어두면 일주일간 보관할 수 있다.

(전량 1,190kcal, 염분 0.4g)

응용하기 구운 빵 위에 바르거나 과일에 얹어 먹는다.

눈 건강을 지켜주는

블루베리

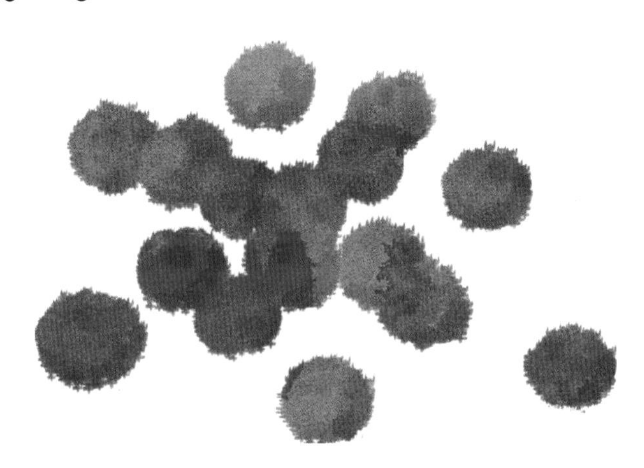

블루베리는 폴리페놀의 일종인 안토시아닌을 함유하고 있어 눈에 좋은 과일로 잘 알려져 있다. 껍질과 씨를 모두 먹을 수 있으며, 식이섬유 함유량이 생과일 중에서는 높은 편이다. 블루베리는 수용성, 불용성 식이섬유를 모두 섭취할 수 있는데, 이 식이섬유는 정장 작용(대장 기능이 정상적으로 작용하는 것-옮긴이)을 높여 변비 해소 및 대장암 예방에 효과를 발휘한다. 이 밖에도 항산화 효과가 높은 비타민 C와 비타민 E, 성장기 뼈의 발육을 촉진하는 망간도 함유하고 있다.

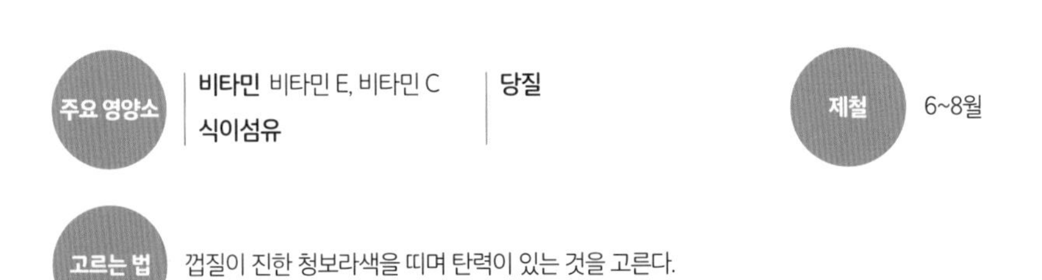

효과 · 효능

시력 회복 / 눈의 피로 개선 / 변비 해소 / 동맥경화 예방

건강하게 먹는 팁

● 좋은 음식 궁합 **요구르트와 함께 먹는다**

장의 기능을 활발하게 하는 식이섬유를 함유하고 있는 블루베리에 장내 환경을 개선하는 유산균을 함유하고 있는 요구르트를 곁들이면 정장 효과가 상승한다. 우유에 유산균을 넣어 발효시킨 요구르트는 장내 유익균을 늘리는 정장 작용을 기대할 수 있는 유제품이다. 뿐만 아니라 칼슘도 함유하고 있어서 골다공증 예방에도 도움이 된다.

memo

라즈베리의 영양가

라즈베리는 블루베리와 마찬가지로 눈의 피로를 해소하고 눈 건강을 유지하는 데 도움이 되는 폴리페놀의 일종인 안토시아닌을 함유하고 있다. 또한 칼슘, 칼륨과 같은 미네랄류, 비타민 C도 풍부하게 함유하고 있어서 피부 미용, 부종 해소 등 여성에게 반가운 효과를 기대할 수 있다.

비타민이 가득한 에너지원

딸기

딸기는 비타민 C를 비롯하여 엽산, 식이섬유가 풍부하다. 특히 딸기 10개면 하루 필요량을 전부 섭취할 수 있을 만큼 비타민 C 함유량이 많아 감기와 감염증 예방에 효과가 있는 것으로 알려져 있다. 또한 세포 분열에 필요한 엽산은 임산부에게 필요한 영양소일 뿐만 아니라 인지증(지능 · 의지 · 기억 등 정신적인 능력이 현저하게 감퇴한 것-옮긴이) 예방에도 효과적인 성분으로 주목받고 있다.

주요 영양소

비타민 엽산, 비타민 C
미네랄 칼륨
식이섬유
당질

제철 5~6월

고르는 법 선명한 붉은색을 띠며 표면에 상처가 없고 꼭지가 마르지 않은 것을 고른다.

효과 · 효능

피부 미용 | 감기 예방 | 인지증 예방 | 변비 해소

건강하게 먹는 팁

● 좋은 음식 궁합 **요구르트와 함께 먹는다**

딸기에는 칼륨을 제외한 미네랄 함유량이 적으므로 칼슘을 풍부하게 함유하고 있는 요구르트를 곁들이면 좋다. 딸기와 요구르트 모두 신맛이 강하므로 꿀이나 설탕을 넣어 섞어 먹으면 맛있는 디저트가 될 수 있다.

추천 레시피

딸기 발사믹 마리네이드

재료(2인분) & 만드는 법

1 거름망에 키친타월을 깔고 볼 위에 얹어놓는다. 플레인 요구르트 1컵을 넣고 랩을 씌운 뒤 냉장고에서 1시간 이상 두어 물기를 뺀다.

2 딸기(작은 것) 12개의 꼭지를 뗀다. 로즈마리 잎(줄기 1개)을 다진다. 다른 볼에 발사믹 식초, 꿀 각각 2큰술과 로즈마리를 섞은 뒤 딸기를 넣고 10~15분간 둔다. 그릇에 요구르트와 딸기를 함께 담는다.

(1인분 115kcal, 염분 0.1g)

눈 건강을 지켜주는

앵두

붉은 루비라고도 부르는 앵두는 단맛과 신맛의 밸런스가 뛰어난 것이 매력이다. 앵두의 색은 베타카로틴의 황색과 안토시아닌의 보라색에 의한 것인데, 베타카로틴 함유량은 그다지 많지 않다. 안토시아닌과 비타민 C는 모두 강한 항산화 효과를 가지고 있는 성분이다. 이 밖에도 미네랄류 중에서는 고혈압 예방에 효과가 있는 칼륨을 풍부하게 함유하고 있다.

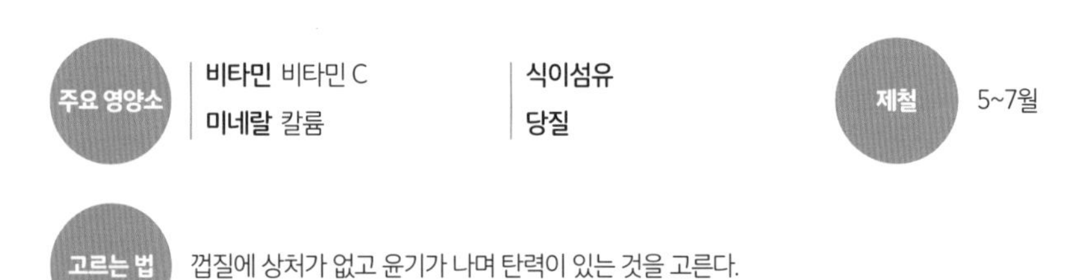

주요 영양소 | **비타민** 비타민 C | **미네랄** 칼륨 | **식이섬유** | **당질**

제철 5~7월

고르는 법 껍질에 상처가 없고 윤기가 나며 탄력이 있는 것을 고른다.

효과 · 효능

노화 방지 | 눈의 피로 개선 | 시력 회복 | 피로 회복

건강하게 먹는 팁

● 밑손질 **깨끗하게 씻는다**

앵두는 폴리페놀의 일종인 안토시아닌을 함유하고 있으며, 껍질째 먹는 과일이므로 깨끗하게 씻어서 먹어야 한다. 알이 작아 낱개로 씻는 것이 번거로우면 물에 잠깐 담가놓는 것도 괜찮다. 그다음에 새 물로 바꿔주면서 앵두 꼭지를 잡고 흔들어가면서 헹구면 된다.

memo

국산 VS 수입산

국산 앵두는 초여름이 제철인데, 수입산 앵두는 제철이 6~8월과 12월경으로 두 차례다. 현재 국내에서 재배되고 있는 앵두의 대부분은 '좌등금'이라는 품종이다. 참고로, 수입산은 안토시아닌이 국산보다 많다.

배 속을 편안하게 해주는

복숭아

복숭아는 과육이 풍부하고 단맛이 강하며 신맛이 적은 것이 특징이다. 식이섬유와 칼륨이 풍부하며, 특히 식이섬유는 수용성 펙틴과 불용성 펙틴을 모두 함유하고 있다. 수용성 펙틴은 혈당과 콜레스테롤 수치의 상승을 억제하며, 불용성 펙틴은 장내 환경을 조절한다. 복숭아를 먹으면 두 가지를 모두 섭취할 수 있다는 장점이 있다.

주요 영양소 | **비타민** 비타민 E | **식이섬유**
미네랄 칼륨 | **당질**

제철 7~9월

고르는 법 상처나 패인 곳이 없고 껍질의 솜털이 고운 것을 고른다.

효과 · 효능

피부 미용 | 동맥경화 예방 | 장내 환경 개선 | 노화 방지

건강하게 먹는 팁

● 좋은 음식 궁합 **호두와 함께 먹는다**

복숭아는 견과류와 맛의 궁합이 좋은 과일 중 하나다. 호두를 다져서 복숭아 위에 뿌린 뒤 꿀을 끼얹어 만든 디저트는 맛도 좋을 뿐 아니라 영양 면에서도 효과적인 조합이다. 복숭아는 식이섬유가 풍부한 과일이므로 역시 식이섬유가 풍부한 호두와 함께 먹으면 한층 뛰어난 정장 효과를 기대할 수 있다.

memo

복숭아의 품종과 기능성 성분

복숭아는 과육의 색깔에 따라 다양하게 분류된다. 크게 흰색, 황색, 주홍색 등 3가지로 나뉘는데, 각각 다른 기능성 성분을 함유하고 있다. 흰색 계열에는 플라보노이드라고 하는 폴리페놀, 황색 계열에는 베타카로틴, 주홍색 계열에는 안토시아닌이라는 폴리페놀이 함유되어 있다. 모두 항산화 작용을 하며, 당뇨병과 고혈압 같은 생활습관병 예방에 도움을 준다.

부종과 열사병에 효과적인

무더운 여름이면 생각나는 과일은 역시 수박이다. 붉은 과육에 함유되어 있는 베타카로틴은 녹황색 채소와 맞먹을 정도로 풍부하며, 체내에서 비타민 A로 전환되어 면역력을 높이고 눈과 점막의 건강을 유지하게 한다. 고혈압 예방에 효과적인 칼륨과 소변을 만드는 기능을 하는 시트룰린이라는 성분의 상승 작용으로 신장 기능을 도와 부종을 해소한다.

고르는 법 줄무늬가 선명하며 묵직한 무게감이 있는 것을 고른다.

효과 · 효능

면역력 향상 | 고혈압 예방 | 부종 해소 | 동맥경화 예방

건강하게 먹는 팁

● 좋은 음식 궁합 **오이와 함께 먹는다**

수박과 마찬가지로 칼륨이 풍부한 오이를 곁들이면 이뇨 효과가 더욱 높아진다. 간단하게 올리브 오일과 소금을 뿌려서 카르파치오(익히지 않은 생 소고기를 얇게 썰어 그 위에 마요네즈, 우스터소스, 레몬주스로 만든 소스를 뿌려 먹는 이탈리아 요리-옮긴이)풍으로 만들거나, 수박과 오이를 믹서에 갈아서 가스파초(토마토, 오이, 피망, 완두콩 등의 여러 가지 채소로 만든 시원한 수프로 스페인의 대표적 요리-옮긴이)로 만들어 먹어도 좋다. 수박은 몸을 시원하게 만드는 작용도 하므로 무더운 여름 식탁에 올리기에 최고의 식품이다.

memo

기능성 성분 시트룰린

시트룰린은 소변을 생성하는 아미노산의 일종으로 과육보다는 껍질에 많이 함유되어 있다는 것이 특징이다. 시트룰린은 신장 기능을 도와 이뇨 작용을 향상시키고 고혈압을 예방한다. 칼륨과 같은 기능을 하는 성분으로 기억해두면 된다. 참고로 칼륨도 수박의 과육보다는 껍질에 많이 함유되어 있으므로 과육을 먹은 뒤 껍질은 절이거나 말랭이 등으로 만들어 먹으면 좋다.

몸에 활력을 불어넣는

포도

포도는 전 세계에서 1만 개 이상의 품종이 재배되고 있다. 전체 생산량의 80%가 와인의 원료로 쓰이는 데 반해 국산 포도는 대부분 생식용으로 유통되고 있다. 포도의 주성분은 당질이지만 칼륨을 비롯한 미네랄도 함유하고 있으며 껍질에는 항산화 작용을 하는 폴리페놀이 함유되어 있다.

주요 영양소 | **미네랄** 칼륨 | **당질**

제철 8~10월

고르는 법 껍질이 탄력 있고 상처가 없는 것을 고른다.

효과 · 효능

시력 회복 | 고혈압 예방 | 피로 회복 | 동맥경화 예방

건강하게 먹는 팁

● 좋은 음식 궁합 **과잉 섭취를 주의한다**

포도는 수분이 많은 과일이기 때문에 너무 많이 먹으면 복통과 설사의 원인이 될 수 있다. 또한 당질도 많이 함유하고 있어서 칼로리가 과다해질 위험도 있다. 적정량은 하루에 한 송이이므로 항상 염두에 두고 효율적으로 섭취하도록 하자.

● 조리법 **껍질째 아침식사에 곁들인다**

포도에는 체내에서 흡수가 잘 되는 포도당과 과당 등의 당질이 풍부하다. 이 당질은 바로 뇌의 에너지 공급원이 되므로 아침식사를 할 때 디저트로 포도를 먹으면 오전 내내 활력을 얻을 수 있다. 이때 보라색 포도를 껍질째 먹으면 폴리페놀도 섭취할 수 있으므로 컴퓨터로 인한 눈의 피로도 예방할 수 있다.

memo

포도의 품종과 기능성 성분

포도의 품종은 껍질의 색에 따라 흑포도, 적포도, 청포도 등 3가지로 나뉜다. 흑포도와 적포도에는 시력 회복에 도움이 되는 안토시아닌, 청포도에는 활성산소를 제거하고 노화를 방지하는 효과가 있는 레스베라트롤이라는 폴리페놀이 풍부하게 함유되어 있는 것이 특징이다. 참고로 거봉은 흑포도, 델라웨어는 적포도, 머스캣은 청포도를 대표하는 포도다.

비타민 C의 보고

감

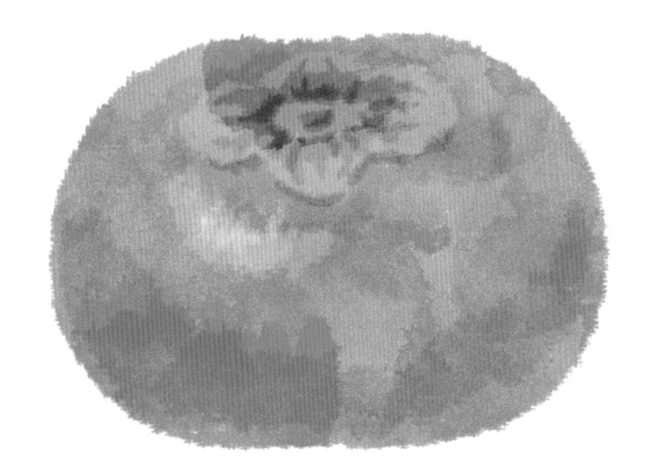

'감이 익으면 의사의 얼굴이 파래진다'는 말이 있을 정도로 감은 영양가가 높은 과일이다. 감 1개를 먹으면 성인의 하루 필요량을 충족할 수 있을 정도로 많은 비타민 C를 함유하고 있을 뿐만 아니라 항산화 작용을 하는 베타카로틴, 베타크립토잔틴과 같은 카로티노이드 색소를 풍부하게 함유하고 있다. 떫은맛 성분인 타닌도 항산화 작용을 해 노화 방지와 생활습관병 예방에 효과적이다.

주요 영양소

비타민 베타카로틴, 비타민 C | **식이섬유**
미네랄 칼륨 | **당질**

제철 9~11월

고르는 법 탄력이 있고 윤기가 나며 묵직한 것을 고른다.

효과 · 효능

골다공증 예방 / 당뇨병 예방 / 고혈압 예방 / 숙취 예방

건강하게 먹는 팁

● 좋은 음식 궁합 **무와 함께 샐러드로 먹는다**

비타민 C를 풍부하게 함유하고 있는 감과 역시 비타민 C를 많이 함유하고 있는 무를 함께 먹으면 상승효과로 감기 예방에 효과적이다. 감의 단맛을 잘 살리면 올리브오일과 소금, 후춧가루와 같은 간단한 양념만으로도 충분히 맛있는 샐러드를 완성할 수 있다. 쑥갓이나 경수채도 맛과 영양 면에서 감과 궁합이 좋은 채소다.

memo

곶감의 영양가

곶감은 떫은 감 껍질을 벗겨서 따뜻한 물과 알코올, 가스 등을 이용해 떫은맛을 제거한 뒤 한 달 이상 건조시킨 것이다. 건조가 끝나면 떫은맛은 사라지고 단맛이 응축된다. 단감이 가지고 있는 영양소 중에 비타민 C를 제외한 당질, 식이섬유, 카로티노이드 색소, 칼륨 등을 풍부하게 함유하고 있을 뿐만 아니라 보존성이 뛰어나다는 것도 커다란 매력이다. 단맛이 강해서 간식으로 적합하지만, 칼로리가 높으니 너무 많이 먹지 않도록 주의하자.

여성호르몬 성분이 함유되어 있는

두유에 간수를 넣어 굳힌 것이 바로 두부다. '밭에서 나는 고기'라고도 부르는 대두를 원료로 만든 것으로, 식물성 단백질이 풍부하다. 두부 단백질은 소화흡수율이 높기 때문에 효율적인 섭취가 가능하다. 또한 최근에는 기억력, 학습 능력을 향상시키는 기능이 있는 레시틴, 지질이 축적되는 것을 억제하여 비만을 예방하는 사포닌, 여성호르몬과 유사한 기능을 하는 이소플라본 등 다양한 성분으로 주목을 받고 있다.

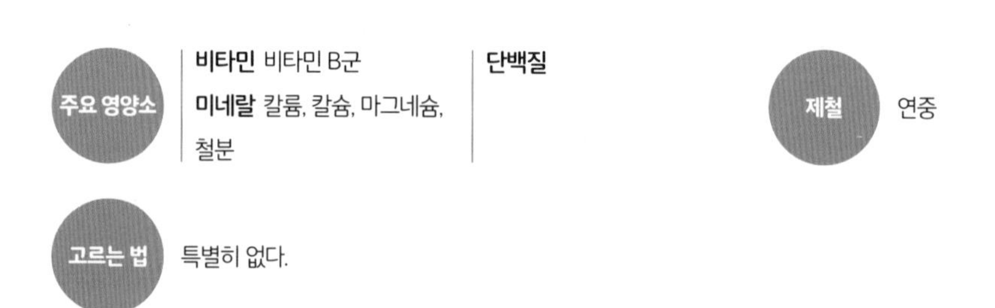

효과 · 효능

동맥경화 예방

냉증 개선

골다공증 예방

갱년기 증상 개선

건강하게 먹는 팁

- 좋은 음식 궁합 1 **채소 양념장과 함께 먹는다**

대두에는 비타민 A(베타카로틴)와 비타민 C가 들어있지 않으므로 이 영양소를 함유하고 있는 채소를 풍성하게 곁들이면 영양을 균형 있게 섭취할 수 있다. 실파와 푸른 차조기, 부추 등을 양념해서 두부에 올려 먹는 냉두부가 좋은 예다. 비타민 A를 효율적으로 섭취할 수 있도록 올리브오일과 참기름을 넣으면 풍미도 좋아지고 영양가도 높아진다.

- 좋은 음식 궁합 2 **등 푸른 생선과 함께 먹는다**

혈중 콜레스테롤을 줄이는 성분을 함유하고 있는 두부에 혈액이 뭉치는 것을 방지하는 에이코사펜타엔산을 함유하고 있는 고등어나 꽁치 같은 생선을 곁들이면 동맥경화 예방에 효과적이다. 시중에 판매되는 고등어통조림을 사용하면 감칠맛 나는 생선 조림을 손쉽게 만들 수 있다.

memo

고야두부의 영양가

고야두부는 두부를 저온에서 얼린 뒤 해동하고 물기를 빼서 건조시킨 것으로 냉동두부라고도 불린다. 영양 면에서 목면두부(콩 물이 응고되기 시작할 때 작은 구멍이 있는 형틀 상자에 천을 깔고 콩 물을 옮긴 뒤 가볍게 눌러 성형하여 만든 두부-옮긴이)에 비해 단백질은 7배, 지질은 8배나 많이 함유되어 있는 것이 특징이다. 두부의 맛뿐만 아니라 영양을 응축시켜 놓은 것이 고야두부다.

혈액을 맑게 하는

낫토

대두에 낫토균을 침투시킨 뒤 발효 및 숙성시킨 것이 낫토다. 원료가 되는 대두와 마찬가지로 필수아미노산을 골고루 함유하고 있는 식물성 단백질과 지질, 칼슘이 풍부하다. 이 밖에도 레시틴, 사포닌, 이소플라본과 같은 성분을 함유하고 있으며, 낫토 특유의 끈적거리는 성분에 들어있는 단백질 분해 성분 낫토키나제는 혈액을 맑게 하는 효과가 있다.

주요 영양소

비타민 비타민 K, 비타민 B군, 엽산

미네랄 칼륨, 칼슘, 마그네슘, 철분, 아연

식이섬유

단백질

지질

제철 연중

고르는 법 특별히 없다.

효과 · 효능

피부 미용 | 동맥경화 예방 | 골다공증 예방 | 갱년기 증상 개선

건강하게 먹는 팁

● 좋은 음식 궁합 **흰밥과 함께 먹는다**

흰밥과 낫토의 맛 궁합은 설명이 필요 없을 정도로 훌륭하며, 영양 면에서도 효과적인 조합이다. 쌀은 정미하는 단계에서 비타민 B_1이 소실되지만 낫토와 함께 먹으면 비타민 B_1을 효율적으로 보충할 수 있다. 뿐만 아니라 비타민 B_1의 흡수율을 높이는 유화아릴(알리신)을 함유하고 있는 파를 토핑으로 올려 먹으면 더할 나위 없이 훌륭한 영양 공급원이 된다.

memo

낫토의 종류

낫토는 콩의 크기에 따라 큰 콩, 작은 콩, 빻은 콩 등 다양한 종류가 있다. 이는 모양이 다를 뿐 함유되어 있는 영양소에는 커다란 차이가 없으므로 취향에 맞게 골라서 먹으면 된다. 참고로 대두를 쪼갠 뒤에 쪄서 낫토균을 침투시킨 뒤 발효 및 숙성시키는 '빻은 콩 낫토'는 알이 작은 만큼 다른 재료들과도 잘 어우러지므로 양념장 베이스로 쓰기에도 편리하다.

미네랄과 식이섬유의 보고

해조류

비타민과 미네랄을 보충하기 위해 매일 식사에 적절하게 곁들이면 좋은 것이 바로 해조류다. 해조류는 칼로리가 거의 없으며 칼륨, 칼슘, 마그네슘, 철분 등 미네랄이 풍부하다. 뿐만 아니라 다시마, 미역, 큰실말, 미역귀 등에 함유되어 있는 수용성 식이섬유는 혈당과 콜레스테롤 수치의 상승을 억제하고 장내 환경을 개선하는 등 질병을 예방하는 데 도움을 준다. 제철은 모두 다르지만, 물에 불려서 바로 쓸 수 있도록 잘라서 판매하는 미역이나 조미하여 개별 포장한 큰실말과 미역귀는 연중 구입이 가능하며 만들기도 간단하다.

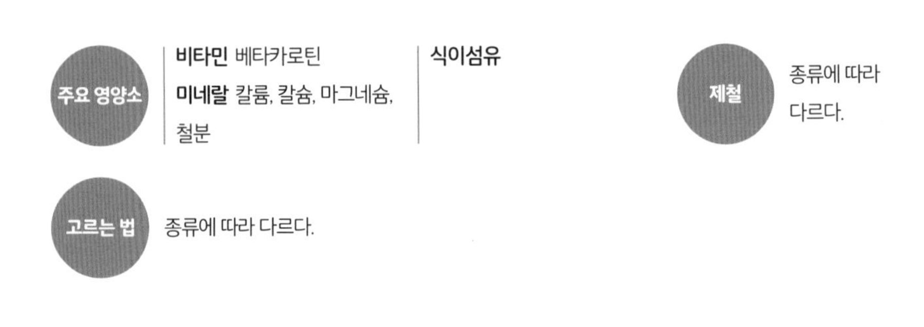

효과 · 효능

고혈압 예방 | 빈혈 예방 | 변비 해소 | 비만 예방

미역

미역은 칼슘의 함유량이 높을 뿐만 아니라 뼈에 침착되는 것을 촉진하는 비타민 K도 함유하고 있는 것이 특징이다. 항산화 작용을 하는 베타카로틴에는 면역력을 향상시키고 피부와 혈관의 노화를 예방하는 효과가 있다.

건강하게 먹는 팁

● 좋은 음식 궁합 **기름과 함께 먹는다**

베타카로틴은 지용성이므로 기름과 함께 섭취하면 흡수율이 높아진다. 참기름을 둘러 나물을 만들거나 올리브오일로 살짝 볶아도 좋고, 지질을 함유하고 있는 참깨를 넣어 샐러드로 만들어도 좋다.

톳은 어린 싹 부분과 줄기 부분을 따로 분리해서 제품화하는 경우가 많다. 두 가지 모두 미네랄류가 풍부하며, 크롬이라는 성분이 함유되어 있다. 크롬은 혈당, 혈압, 콜레스테롤 수치를 안정시키는 효과가 있다.

건강하게 먹는 팁

● 조리법 **물에 불려서 샐러드로 먹는다**

톳은 주로 기름에 볶다가 육수나 조미료를 첨가하여 맛이 강한 국물 요리로 만들어서 먹는데, 염분이 걱정되는 사람은 물에 불려서 샐러드로 만들어 먹으면 좋다. 샐러드로 만들면 다른 채소도 곁들일 수 있을 뿐만 아니라 염분이 덜한 요리로 완성할 수 있다.

다시마

국물 맛도 내고 국물의 건더기로도 사용하는 다시마는 국물 요리에 없어서는 안 되는 해조류다. 칼륨, 칼슘, 마그네슘 등의 미네랄이 풍부할 뿐만 아니라 장내 콜레스테롤을 흡수하고 배출하는 수용성 식이섬유인 후코이단과 알긴산을 함유하고 있다.

건강하게 먹는 팁

● 좋은 음식 궁합 **비타민 D를 함유한 식재료와 함께 먹는다**

칼슘이 뼈에 침착되는 것을 돕는 비타민 D를 함유하고 있는 표고버섯과 함께 국물 요리로 만들어 먹으면 좋다. 건표고버섯을 불려서 같이 끓이면 감칠맛이 더해져 풍미도 한층 좋아진다.

김

김은 김밥을 만들 때 없어서는 안 되는 필수 재료다. 김은 당질의 에너지대사에 필수 성분인 비타민 B_1과 항산화 작용을 하는 베타카로틴을 함유하고 있는 것이 특징이다. 또한 다른 해조류에 비해 빈혈 예방에 도움을 주는 엽산과 비타민 B_{12}도 풍부하게 함유하고 있다.

건강하게 먹는 팁

● 좋은 음식 궁합 **탄수화물을 함유한 식재료와 함께 먹는다**

김에 함유되어 있는 비타민 B_1은 당질의 에너지대사를 촉진하는 성분이므로, 밥을 김으로 말아 만든 김밥은 그야말로 이상적인 조합이다. 우동과 같은 면류에 토핑으로 올려 먹는 것도 효과적인 방법이다.

미역귀 · 큰실말

미역귀와 큰실말은 모두 조미하여 개별 포장한 제품을 구입할 수 있다. 미역귀는 미역의 일부이며, 큰실말은 길고 가는 모양을 한 해조류다. 둘 다 점성이 있는 수용성 식이섬유인 후코이단과 알긴산이 풍부하여 변비 해소에 효과적이다.

건강하게 먹는 팁

● 좋은 음식 궁합 **식이섬유를 함유한 식재료와 함께 먹는다**

미역귀와 큰실말은 모두 식이섬유가 풍부하다. 역시 식이섬유가 풍부하며 점성이 있는 낫토에 곁들이면 변비 해소에 효과적이면서 식감도 좋은 무침을 아주 손쉽게 만들 수 있다.

노화를 예방하는

견과류 · 참깨

견과류와 참깨는 노화를 방지하는 영양소를 함유하고 있는 식품으로 최근 점점 주목을 받고 있다. 견과류에 함유되어 있는 올레인산은 쉽게 산화되지 않는 지질로, 좋은 콜레스테롤이 줄어들지 않게 하면서 나쁜 콜레스테롤을 줄여준다. 또한 모세혈관을 확장시켜 혈액순환을 촉진하는 비타민 E를 함유하고 있는 것도 또 하나의 특징이다. 한편, 참깨에 함유되어 있는 폴리페놀의 일종인 세사민은 체내의 활성산소를 제거하여 노화를 예방하는 효과가 있다. 견과류와 참깨 모두 영양가가 높은 식품이지만, 칼로리도 높으므로 주의해야 한다. 견과류를 간식으로 먹을 때는 한 줌 정도로 양을 제한해야 한다.

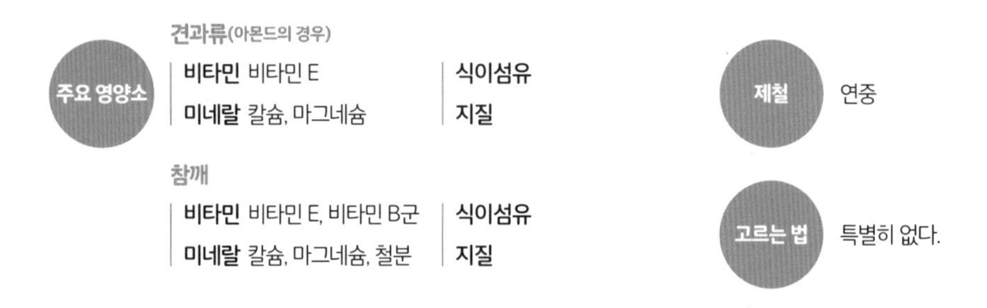

효과 · 효능

노화 방지 | 피로 회복 | 골다공증 예방 | 빈혈 예방

아몬드

일반적으로 아몬드는 스위트 아몬드의 핵 속에 있는 씨 부분을 가리킨다. 혈액순환을 촉진하는 비타민 E와 뼈와 치아의 주 성분인 칼슘이 풍부하며, 빈혈 예방과 스트레스 해소에도 도움이 된다.

건강하게 먹는 팁

● 조리법 **그대로 먹는다**

따로 조리를 하지 않고 그대로 먹을 수 있다는 것이 견과류의 장점이다. 살짝 출출할 때 적정량을 간식으로 먹으면 식후 혈당치의 급상승을 억제할 수 있어 당뇨병 예방에 효과가 있다고 알려져 있다.

땅콩

땅콩은 콩의 일종으로, 깍지를 까지 않은 것, 얇은 껍질이 붙어있는 것, 껍질을 까서 소금을 뿌린 것 등이 있다. 영양가가 아주 높으며 항산화 작용을 하는 비타민 E를 비롯한 비타민류와 칼슘, 칼륨과 같은 미네랄류를 고루 함유하고 있다.

건강하게 먹는 팁

● 좋은 음식 궁합 **맥주 안주로 먹는다**

땅콩에는 알코올의 대사를 촉진하는 나이아신이라는 성분이 함유되어 있어 맥주 안주로 최고다. 단, 다른 견과류와 마찬가지로 칼로리가 높으며 조미가 되어있는 것은 염분도 들어있으므로 과다하게 섭취하지 않도록 하자.

호두

호두는 중국에서 예로부터 미용식으로 귀하게 여겨왔다. 혈액순환을 촉진하는 비타민 E, 피로 회복에 도움을 주는 비타민 B_1과 비타민 B_2를 함유하고 있으며, 지질의 일종인 리놀레산은 콜레스테롤 수치를 낮추는 효과가 있다고 알려져 있다.

건강하게 먹는 팁

● 좋은 음식 궁합 **낫토와 함께 먹는다**

혈액을 맑게 만드는 것을 돕는 성분을 함유하고 있는 낫토와 혈액순환을 촉진하는 비타민 E를 함유하고 있는 호두를 함께 먹으면 동맥경화와 고혈압을 예방하는 효과를 얻을 수 있다. 호두는 껍질을 벗겨서 다지면 향기로운 풍미가 한층 더 살아난다.

참깨

참깨는 한방에서 자양강장 효과가 있는 음식으로 알려져 있다.
영양가가 매우 높으며, 비타민류는 비타민 E, 비타민 B군, 미네랄류는 칼슘, 철분 등이 풍부하다. 뿐만 아니라 지질에 함유되어 있는 올레인산은 혈중 콜레스테롤을 감소시키는 효과가 있다. 참깨에 함유되어 있는 폴리페놀의 일종인 세사민은 알코올대사를 촉진해 간의 부담을 줄여준다. 한편 참깨에는 검은깨, 흰깨, 금깨 등 여러 가지 종류가 있는데 영양가는 거의 비슷하다.

건강하게 먹는 팁

● 밑손질 **갈아서 으깬다**

참깨는 깨절구를 사용해 갈아서 으깨면 풍미와 향이 한층 더 살아나는데, 이렇게 하면 껍질이 벗겨지면서 체내에서 영양 성분이 훨씬 잘 흡수된다. 참고로 참깨의 지질 성분은 쉽게 산화되므로 되도록 먹기 직전에 갈아서 으깨도록 한다.

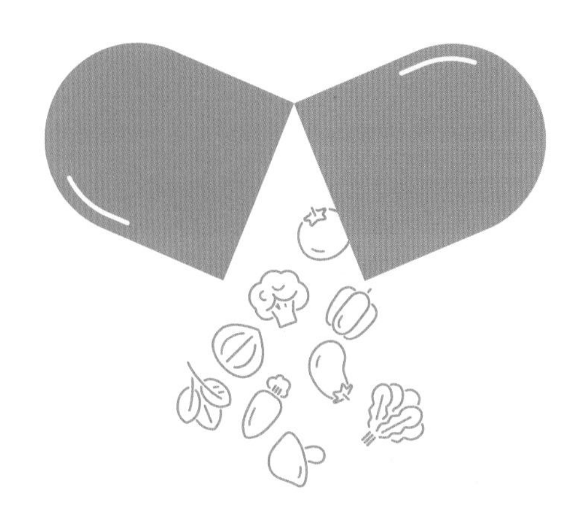

· 노화 방지, 질병 예방, 비만 예방 ·

채소는 약

매일 조금씩 먹고 건강해지자!

채소는 약 레시피

낫토 & 두부를 활용한 반찬 레시피 수록

채소가 몸에 좋은 건 알겠는데 어떻게 하면 매일 무리 없이 맛있게 먹을 수 있는지 많은 사람이 궁금해한다. 껍질도 벗겨야 하고 채소마다 자르는 방법도 다르고…. 채소는 손질하는 데 의외로 손이 많이 가기 때문에 시간이 날 때 저장 채소를 미리 만들어두면 요리할 때 많은 도움이 된다. 예를 들어, 소금을 뿌린 저장 채소를 만들어두면 그대로 다른 음식과 곁들여 간만 맞추면 나물과 같은 여러 가지 반찬으로 재탄생할 수 있어서 편리하다. 아마도 많은 사람이 냉장고에서 바로 꺼내 먹을 수 있는 채소가 있으면 좋겠다고 생각할 것이다. 바로 지금 도전해보자!

매일 꾸준히 먹고
건강해지자!

저장 채소 만드는 방법 1

소금 뿌려서 저장하기

보관 방법과 기간

밀폐용기에 담아 냉장고에 넣어두면 3~4일간 보관할 수 있다.

채소는 가열하면 비타민 C가 파괴되므로 효과적으로 영양소를 섭취하려면 날로 먹는 것이 좋다. 채소에 소금을 뿌려서 저장해두면 적당히 밑간이 되기 때문에 복잡한 양념을 하지 않아도 되어 편리하다.

소금 뿌려서 저장 채소 만들기

셀러리

재료(만들기 쉬운 분량) & 만드는 법

셀러리 줄기 2개(약 200g)는 3~4mm 너비로 자른 뒤 소금 ½작은술을 뿌린다.

(전량 30kcal, 염분 2.5g)

파프리카

재료(만들기 쉬운 분량) & 만드는 법

붉은 파프리카 2개는 세로로 반을 잘라서 꼭지와 씨를 제거한다. 한 입 크기로 마구썰기 한 뒤 소금 ½작은술을 뿌린다.

(전량 65kcal, 염분 2.5g)

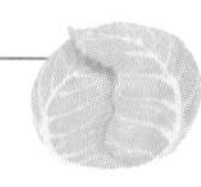

양배추

재료(만들기 쉬운 분량) & 만드는 법

양배추 잎 4~5장(약 200g)은 심을 제거하고 한 입 크기로 썬 뒤 소금 ½작은술을 뿌린다.

(전량 39kcal, 염분 2.5g)

양파

재료(만들기 쉬운 분량) & 만드는 법

양파 1개(약 200g)는 세로로 반을 자르고 길고 얇게 썬 뒤 소금 ½작은술을 뿌린다.

(전량 70kcal, 염분 2.5g)

소금 뿌려서 저장한 채소의 응용 레시피

소금 뿌려서 저장한 양배추+참기름

양배추나물

재료(2인분) & 만드는 법

소금 뿌려서 저장한 양배추(199쪽 참조) 100g은 물기를 가볍게 털어내고 참기름 1작은술, 흰깨 간 것 2작은술을 뿌린다.

(1인분 43kcal, 염분 0.5g)

소금 뿌려서 저장한 파프리카+치즈

파프리카 크림치즈 무침

재료(2인분) & 만드는 법

소금 뿌려서 저장한 파프리카(199쪽 참조) 100g은 물기를 가볍게 털어낸다. 크림치즈 2큰술에 우유 1큰술을 조금씩 넣어가면서 풀어준 뒤 거품기로 잘 섞는다. 후춧가루를 약간 넣어 섞은 뒤 파프리카를 넣고 살짝 무친다.

(1인분 73kcal, 염분 0.6g)

소금 뿌려서 저장한 셀러리+소금 뿌려서 저장한 양파

셀러리 양파 마요네즈 무침

재료(2인분) & 만드는 법

소금 뿌려서 저장한 셀러리(199쪽 참조) 100g과 소금 뿌려서 저장한 양파(199쪽 참조) 50g은 물기를 가볍게 털어낸다. 폰즈 소스 $1\frac{1}{2}$큰술과 마요네즈 1큰술을 섞은 뒤 채소와 함께 버무린다. 그릇에 담고 가다랭이포를 뿌린다.

(1인분 61kcal, 염분 1.4g)

저장 채소 만드는 방법 2

쪄서 저장하기

보관 방법과 기간
밀폐용기에 담아 냉장고에 넣어두면 2~3일간 보관할 수 있다.

채소는 끓는 물에 데치면 영양소가 빠져나가거나 수분을 머금어서 식감이 떨어지므로, 적은 수분을 이용하여 쪄서 저장해두면 좋다. 채소에 열을 가한 뒤 저장하면 나중에 간단하게 기름이나 소금만 뿌려도 훌륭한 보조 반찬이 된다.

녹색 채소
브로콜리에 대한 내용은 48~49쪽 참조

황색 채소
단호박에 대한 내용은 138~139쪽 참조

흰색 채소
감자에 대한 내용은 114~115쪽 참조

녹색 채소
청경채에 대한 내용은 32~33쪽 참조

쪄서 저장 채소 만들기

브로콜리

재료(만들기 쉬운 분량) & 만드는 법

브로콜리 1송이(약 300g)는 작게 쪼개서 줄기는 껍질을 두껍게 벗긴 뒤 세로로 반 자르고 얇고 길게 썬다. 지름 24cm 크기의 프라이팬에 브로콜리를 넣고 물 4큰술과 소금을 약간 뿌린다. 뚜껑을 덮고 중불에서 3~4분간 가열한 뒤 불을 끈다. 브로콜리를 위아래로 뒤적인 뒤 2~3분간 뜸을 들인다.

(전량 79kcal, 염분 1.2g)

단호박

재료(만들기 쉬운 분량) & 만드는 법

단호박 ¼개(약 500g)는 속과 씨를 제거하고 2cm 크기로 깍둑썰기 한다. 지름 24cm 크기의 프라이팬에 단호박을 껍질이 아래로 가게 넣고 물 4큰술을 뿌린다. 뚜껑을 덮고 중불에서 5~6분간 가열한 뒤 불을 끄고 그대로 2~3분간 뜸을 들인다.

(전량 410kcal, 염분 0g)

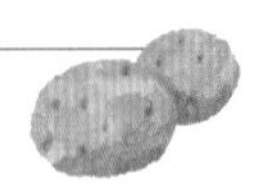

감자

재료(만들기 쉬운 분량) & 만드는 법

감자 3개(약 450g)는 껍질을 벗긴 뒤 2cm 크기로 깍둑썰기 한다. 지름 24cm 크기의 프라이팬에 감자를 넣고 물 4큰술과 소금을 약간 뿌린다. 뚜껑을 덮고 중불에서 6~7분간 가열한 뒤 불을 끈다. 감자가 골고루 익도록 위아래로 뒤적인 뒤 뚜껑을 다시 덮고 3~4분간 뜸을 들인다.

(전량 315kcal, 염분 1.0g)

청경채

재료(만들기 쉬운 분량) & 만드는 법

청경채 2포기(약 300g)는 잎과 줄기를 분리한 뒤, 잎은 큼직하게 썰고 줄기는 밑동을 잘라낸 뒤 세로로 6~8등분한다. 지름 24cm 크기의 프라이팬에 청경채 줄기를 넣고 물 3큰술과 소금을 약간 뿌린다. 뚜껑을 덮고 중불에서 2분간 가열하고, 잎을 넣고 1분간 더 가열한 뒤 불을 끈다.

(전량 27kcal, 염분 1.3g)

쪄서 저장한 채소의 응용 레시피

쪄서 저장한 청경채+잔멸치

청경채 잔멸치 무침

재료(2인분) & 만드는 법

쪄서 저장한 청경채(203쪽 참조) 1포기(약 150g)를 잔멸치 15g, 올리브오일 1큰술과 함께 무친다.

(1인분 75kcal, 염분 0.6g)

쪄서 저장한 단호박+파슬리

단호박 파슬리 버터 무침

재료(2인분) & 만드는 법

쪄서 저장한 단호박(203쪽 참조) 200g을 내열 용기에 넣고 랩을 씌운 뒤 전자레인지에서 2분간 가열한다. 단호박이 뜨거울 때 파슬리 다진 것과 버터를 1큰술씩 넣고 전체를 잘 섞은 뒤 소금, 후춧가루로 간한다.

(1인분 151kcal, 염분 0.4g)

쪄서 저장한 감자+쪄서 저장한 브로콜리

온천달걀을 얹은 감자 브로콜리

재료(2인분) & 만드는 법

쪄서 저장한 감자(203쪽 참조) 130g, 쪄서 저장한 브로콜리(203쪽 참조) 70g을 그릇 2개에 나눠 담는다. 온천달걀을 1개씩 얹고 굵게 간 검은 후춧가루를 약간씩 뿌린다.

(1인분 153kcal, 염분 0.5g)

저장 채소 조리하는 방법 1

채소 조림

보관 방법과 기간

국물과 함께 밀폐용기에 담아 냉장고에 넣어두면 2~3일간 보관할 수 있다.

수용성 영양소를 풍부하게 함유하고 있는 채소나 비교적 장시간 가열해야 먹을 수 있는 채소는 영양소가 배어있는 국물과 함께 먹을 수 있도록 간을 약하게 한 조림으로 만들어서 저장해두면 좋다. 조림의 국물을 다양한 반찬에 활용하기도 좋다.

저장용 채소 조림 만들기

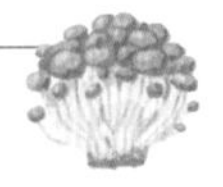

만가닥버섯

재료(만들기 쉬운 분량) & 만드는 법

만가닥버섯(작은 것) 3팩(약 300g)은 잘게 나눈다. 지름 18cm 크기의 냄비에 물 2컵과 고형 콩소메 1개를 넣고 중불에 올린다. 한소끔 끓어오르면 만가닥버섯을 넣고 2~3분간 더 끓인다.

(전량 65kcal, 염분 3.0g)

오크라

재료(만들기 쉬운 분량) & 만드는 법

오크라 10개(약 80g)는 꼭지 끝을 자르고 꽃받침을 벗긴다. 도마에 오크라를 올려놓고 소금을 뿌린 뒤 앞뒤로 굴려서 솜털을 제거하고 물에 살짝 헹군다. 지름 18cm 크기의 냄비에 물 1컵과 시판용 만능간장 1½큰술을 넣고 중불에 올린다. 한소끔 끓어오르면 오크라를 넣고 2~3분간 더 끓인다.

(전량 32kcal, 염분 1.6g)

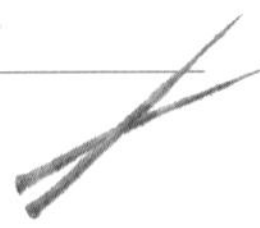

우엉

재료(만들기 쉬운 분량) & 만드는 법

우엉(가는 것) 2줄(약 200g)은 칼등으로 껍질을 긁어내고 세로로 반 자른 뒤 얇게 어슷썰기 해서 물에 5분간 담가놓는다. 지름 18cm 크기의 냄비에 물 2컵과 고형 콩소메 1개, 물기를 털어낸 우엉을 넣고 중불에 올린다. 한소끔 끓어오르면 거품을 걷어내고 5~6분간 더 끓인다.

(전량 133kcal, 염분 3.0g)

가지

재료(만들기 쉬운 분량) & 만드는 법

가지 3개(약 300g)는 1cm 너비로 동그랗게 썬 뒤 물에 헹군다. 지름 18cm 크기의 냄비에 물 2컵과 시판용 만능간장 3큰술을 넣고 중불에 올린다. 한소끔 끓어오르면 가지를 넣고 4~5분간 더 끓인다.

(전량 76kcal, 염분 3.3g)

조림으로 만들어 저장한 채소의 응용 레시피

저장용 가지 조림+생강

생강의 풍미가 느껴지는 가지 조림

혈관을 건강하게

재료(2인분) & 만드는 법

저장용 가지 조림(207쪽 참조)에서 가지(전체량의 ½)와 조림국물 1컵을 냄비에 넣고 데운다. 그릇에 담고 강판에 간 생강 1작은술과 잘게 썬 실파 1줄을 올린다.

(1인분 21kcal, 염분 0.8g)

저장용 오크라 조림+파래

파래 된장 오크라 조림

배 속을 상쾌하게

재료(2인분) & 만드는 법

저장용 오크라 조림(207쪽 참조)에서 오크라 6~8개와 조림국물 ⅓컵을 냄비에 넣고 데운다. 그릇에 담고 파래와 조림국물 각각 1큰술과 된장 2큰술을 섞은 것을 올린다.

(1인분 23kcal, 염분 1.1g)

저장용 우엉 조림+저장용 만가닥버섯 조림

우엉 만가닥버섯 카레 수프

재료(2인분) & 만드는 법

저장용 우엉 조림(207쪽 참조)의 ¼과 저장용 만가닥버섯 조림(207쪽 참조)의 ⅓을 냄비에 넣고 각각의 조림국물 ½컵을 넣는다. 카레가루 ½작은술, 소금과 후추를 약간씩 뿌린 뒤 중불에서 데운다.

(1인분 29kcal, 염분 1.0g)

저장 채소 조리하는 방법 2

채소 볶음

보관 방법과 기간
밀폐용기에 담아 냉장고에 넣어두면 4~5일간 보관할 수 있다.

기름에 녹는 지용성 영양소를 풍부하게 함유하고 있는 채소나 기름에 볶으면 깊은 맛이 살아나는 채소는 프라이팬에 기름을 두르고 살짝 볶아서 저장해두면 좋다. 채소뿐만 아니라 기름과 궁합이 좋은 톳 등도 함께 만들어두면 응용의 폭이 넓어진다.

저장용 채소 볶음 만들기

당근

재료(만들기 쉬운 분량) & 만드는 법

당근 2개(약 300g)는 껍질을 벗기고 세로로 반 자른 뒤 가로로 얇게 썬다. 프라이팬을 중불에 올리고 샐러드유 1큰술을 넣은 뒤 프라이팬이 달궈지면 당근을 볶는다. 당근에 기름기가 돌면 물 1큰술을 뿌리고 가끔 섞어주며 뚜껑을 덮고 3~4분간 둔다. 당근이 부드러워지면 소금을 약간 뿌린다.

(전량 217kcal, 염분 1.3g)

톳

재료(만들기 쉬운 분량) & 만드는 법

말린 톳(어린 싹 부분) 20g은 넉넉한 물에 10분간 담가 불린 뒤 체에 밭쳐 물기를 완전히 뺀다. 프라이팬을 중불에 올리고 올리브오일 2큰술을 넣은 뒤 프라이팬이 달궈지면 톳을 볶는다. 전체적으로 기름기가 돌면 소금을 뿌린다.

(전량 269kcal, 염분 1.9g)

피망

재료(만들기 쉬운 분량) & 만드는 법

피망 6개(약 200g)는 세로로 반 자른 뒤 꼭지와 씨를 제거하고 가로로 1cm 너비로 썬다. 프라이팬을 중불에 올리고 샐러드유 1큰술을 넣은 뒤 프라이팬이 달궈지면 피망을 2~3분간 볶고 소금을 약간 뿌린다.

(전량 157kcal, 염분 1.0g)

마늘

재료(만들기 쉬운 분량) & 만드는 법

마늘 1개(약 80g)는 가로로 얇게 썰고 심을 제거한다. 프라이팬에 올리브오일 4큰술과 마늘을 넣고 약불에 올린 뒤 마늘이 연갈색이 될 때까지 볶는다. 키친타월을 깐 접시에 올려 기름기를 제거한다.

(전량 578kcal, 염분 0g)

볶아서 저장한 채소의 응용 레시피

생기 넘치는 피부

저장용 피망 볶음+저장용 당근 볶음

피망 당근 볶음

재료(2인분) & 만드는 법

저장용 피망 볶음(211쪽 참조) 30g과 저장용 당근 볶음(211쪽 참조) 50g을 내열접시에 펼쳐 담고 랩을 씌워 전자레인지에서 2분간 가열한다. 전체가 따뜻해지면 소금과 고춧가루를 약간씩 넣어 섞는다.

(1인분 34kcal, 염분 0.5g)

저장용 톳 볶음+저장용 마늘 볶음

후추의 풍미가 느껴지는 톳 마늘 볶음

재료(2인분) & 만드는 법

저장용 톳 볶음(211쪽 참조) 50g과 저장용 마늘 볶음(211쪽 참조) 15g을 내열접시에 펼쳐 담고 랩을 씌워 전자레인지에서 2분간 가열한다. 전체가 따뜻해지면 소금과 굵게 간 검은 후춧가루를 약간씩 넣어 섞는다.

(1인분 95kcal, 염분 0.5g)

채소를 듬뿍 넣어 만드는

된장양념장

보관 방법과 기간

밀폐용기에 담아 냉장고에 넣어두면 2~3일간 보관할 수 있다.

맛과 영양이 뛰어난 여러 가지 식재료를 넣어 만든 된장양념장 3종 세트는 각각 다른 맛을 즐길 수 있는 비장의 무기다. 끓는 물을 부어 풀어주면 각종 채소의 풍미가 가득한 된장국으로 대변신한다. 고기 요리나 생선 요리에 양념장으로 사용해도 좋고 국으로 만들어도 손색이 없어 응용의 폭이 아주 넓다.

된장국에 응용할 때는

된장양념장의 ⅕양에 끓는 물 ½컵을 부어서 풀어 먹거나, 냄비에 된장양념장과 물 ½컵을 넣고 푼 뒤 불에 올려 데워 먹으면 된다.

바지락통조림을 활용한 식감 만점의 양념장

파 바지락 양념장

재료(만들기 쉬운 분량)

- 파(녹색 부분도 포함) …………… ½줄(약 60g)
- 바지락통조림 …… 55g
- 미역 자른 것 ……… 5g
- 된장 ……………… 60g
- 가다랭이포 …… 작은 것 2팩(약 4g)

만드는 법

파는 잘게 송송 썬다. 볼에 된장과 바지락, 파, 가다랭이포, 미역 자른 것과 바지락통조림 국물 3큰술을 넣고 전체를 잘 섞는다.

(전량 219kcal, 염분 9.2g)

치즈로 칼슘까지 섭취할 수 있는 서양식 반찬

토마토 양파 양념장

재료(만들기 쉬운 분량)

토마토 … 1개(약 150g)
양파 ……… ⅛개(약 25g)
치즈가루 ……… 4큰술
된장 ……………… 60g
가다랭이포
…… 작은 것 3팩(약 6g)

만드는 법

토마토는 꼭지를 떼고 1cm 크기로 깍둑썰기 한다. 양파는 잘게 다지고 소금으로 조물조물하여 잠시 놔둔다. 숨이 죽으면 물에 4~5분간 담갔다가 물기를 완전히 털어낸다. 볼에 된장과 토마토, 양파, 가다랭이포, 치즈가루를 넣고 전체를 잘 섞는다.

(전량 288kcal, 염분 8.4g)

무말랭이의 오돌오돌한 식감이 매력적인 양념장

무청 무말랭이 양념장

재료(만들기 쉬운 분량)

무청 ·················· 50g
무말랭이 ··········· 15g
된장 ·················· 60g
가다랭이포
······ 작은 것 3팩(약 6g)
소금 ················· 약간

만드는 법

무청은 잘게 다지고 소금으로 조물조물하여 잠시 놔두었다가 숨이 죽으면 물기를 짠다. 무말랭이는 물에 담가 5~6분간 불린 뒤 물기를 완전히 짜내고 굵게 다진다. 볼에 된장과 무청, 무말랭이, 가다랭이포, 물 2큰술을 넣고 전체를 잘 섞는다.

(전량 194kcal, 염분 8.1g)

채소를 듬뿍 넣어 만드는

드레싱

된장양념장과 마찬가지로 맛과 영양이 뛰어난 여러 가지 식재료를 넣어 만든 드레싱 3종 세트는 맛뿐만 아니라 식감도 다양하다. 스테이크나 돼지 샤부샤부 같은 고기 요리나 생선구이에 소스로 뿌려도 맛있으며, 밥이나 면에 올리기만 해도 채소를 부담 없이 섭취할 수 있는 건강한 음식으로 완성할 수 있다.

보관 방법과 기간

밀폐용기에 담아 냉장고에 넣어두면 일주일간 보관할 수 있다.

식이섬유가 가득한 미역귀와 다시마의 조합

생강 미역귀 드레싱

재료(만들기 쉬운 분량)

미역귀(조미하지 않은 것) ······················ 120g
다시마 썬 것 ······· 10g
생강 간 것 ······· 1큰술
샐러드유 ········ 2큰술
식초 ··············· 2큰술
간장 ··············· 1큰술
설탕 ············ 2작은술

만드는 법

다시마 썬 것은 손으로 잘게 찢는다. 볼에 생강, 미역귀, 잘게 찢은 다시마, 샐러드유, 식초, 간장, 설탕을 넣고 잘 섞는다.

(전량 312kcal, 염분 3.6g)

토마토케첩의 신맛이 상큼한

파프리카 양파 드레싱

재료(만들기 쉬운 분량)

붉은 파프리카 …… 1개
노란 파프리카 …… 1개
양파 ……… ¼개(약 50g)
토마토케첩 …… 3큰술
식초 ……………… 1큰술
올리브오일 …… 2큰술
소금 ………… ½작은술
후춧가루 ………… 약간

만드는 법

파프리카는 꼭지와 씨를 제거한 뒤 잘게 다진다. 양파도 잘게 다진다. 내열용기에 채소를 넣고 랩을 씌운 뒤 전자레인지에서 5분간 가열한다. 전자레인지에서 꺼내 잘 섞고 한 김 식힌다. 채소가 담긴 용기에 토마토케첩, 식초, 올리브오일, 소금, 후춧가루를 넣고 잘 섞는다.

(전량 391kcal, 염분 4.3g)

오이와 푸른 차조기의 향이 식욕을 돋우는

오이 푸른 차조기 드레싱

재료(만들기 쉬운 분량)

오이 ········ 2개
푸른 차조기 잎 ··· 10장
실파 ······· ½단(약 50g)
폰즈 소스 ······· 4큰술
참기름 ········· 2큰술
유자후추 ····· 2작은술
소금 ········ 약간

만드는 법

오이는 꼭지를 제거한 뒤 둥글고 얇게 썬다. 소금으로 조물조물한 뒤 숨이 죽으면 물기를 짠다. 푸른 차조기는 굵게 다진다. 실파는 잘게 송송 썬다. 볼에 채소와 폰즈 소스, 참기름, 유자후추를 넣고 잘 섞는다.

(전량 319kcal, 염분 6.0g)

매일 먹고 싶은 건강 반찬 1

채소를 듬뿍 넣어 만드는

낫토 반찬

낫토는 밑손질 할 필요가 없는 대표적인 대두 가공식품이다. 부담 없는 가격으로 구입할 수 있으며 보존성도 뛰어나 냉장고에 상비해두면 유용하다. 몸에 좋은 낫토와 채소를 듬뿍 넣어 만든 반찬은 식감도 더할 나위 없이 훌륭하다.

낫토에 대한 내용은 186~187쪽 참조

부추의 향이 식욕을 돋우는

부추 기름 낫토

재료(1인분)

낫토 ··· 1팩(약 40g)
부추 ··· ¼단(약 25g)
올리브오일 ··· 1작은술
소금 ··· 약간
굵게 간 검은 후춧가루 ··· 약간

만드는 법

부추는 3cm 길이로 썰어서 끓는 물에 살짝 데친 뒤 체에 밭쳐 물기를 털어낸다. 모든 재료를 점성이 나올 때까지 잘 섞는다.
(141kcal, 염분 0.5g)

부추에 대한 내용은 76~77쪽 참조

완두콩 새싹의 식감이 포인트

건새우 완두콩 새싹 낫토

재료(1인분)

낫토 ······ 1팩(약 40g)
완두콩 새싹 ······ 1/5팩(약 20g)
건새우 ······ 1큰술
폰즈 소스 ······ 2작은술

만드는 법

완두콩 새싹은 밑동을 잘라내고 2cm 길이로 썬다. 모든 재료를 점성이 나올 때까지 잘 섞는다.

(96kcal, 염분 0.7g)

녹색 채소 완두콩 새싹에 대한 내용은 56~57쪽 참조

달걀노른자를 섞으면 맛이 깊어지는

시금치 날달걀 낫토

재료(1인분)

낫토 ······ 1팩(약 40g)
시금치 ······ 1/8팩(약 25g)
달걀노른자 ······ 1개 분량
간장 ······ 1/2작은술

만드는 법

시금치는 넉넉한 물에 데친 뒤 물에 5분간 담가놓는다. 물기를 완전히 짠 뒤 잘게 다진다. 낫토, 시금치, 간장을 점성이 나올 때까지 잘 섞어서 그릇에 담고 달걀노른자를 올린다.

(157kcal, 염분 0.5g)

시금치에 대한 내용은 24~25쪽 참조

김치의 매운맛이 여운이 남는

김치 치즈 낫토

재료(1인분)

낫토 ································ 1팩(약 40g)
배추김치 ································ 50g
무말랭이 ································ 5g
프로세스 치즈(1cm 크기로 깍둑썰기 한 것) ································ 20g
플레인 요구르트 ································ 2작은술

만드는 법

무말랭이는 물에 5~6분간 담가서 불린 뒤 물기를 완전히 짜내고 굵게 다진다. 모든 재료를 점성이 나올 때까지 잘 섞는다.

(185kcal, 염분 1.6g)

발효식품의 유산균이 장을 건강하게

흰색 채소 배추에 대한 내용은 124~125쪽 참조

레몬의 상큼한 신맛이 포인트

아보카도 레몬 낫토

재료(1인분)

낫토 ································ 1팩(약 40g)
아보카도 ································ ¼개(약 45g)
레몬(둥글고 얇게 썬 것) ································ 2장
소금, 후춧가루 ································ 약간씩

만드는 법

아보카도는 껍질을 까서 2cm 크기로 깍둑썰기 하고, 레몬은 껍질을 벗겨서 1장을 4등분한다. 낫토, 아보카도, 레몬을 잘 섞고 점성이 나오면 소금, 후춧가루로 간한다.

(165kcal, 염분 0.5g)

아보카도의 비타민 C가 피부를 건강하게

녹색 채소 아보카도에 대한 내용은 64~65쪽 참조

매일 먹고 싶은 건강 반찬 2

채소를 듬뿍 넣어 만드는

냉두부 반찬

두부는 낫토와 더불어 밑손질이 간편한 대두 가공식품이다. 저녁 반찬은 물론 술안주로도 최고로 꼽히는 것이 바로 냉두부다. 영양가 있는 채소를 듬뿍 올린 냉두부만 있으면 다른 반찬이 없어도 될 만큼 몸에 좋은 냉두부 시리즈를 소개한다.

두부에 대한 내용은
184~185쪽 참조

아몬드의 고소한 풍미가 중독적인

아몬드 파 소금 냉두부

재료(1인분)

연두부(작은 것) ················ 1팩(약 100g)
아몬드 ································ 10알
파 ······································ 5cm
참기름 ································ 1큰술
소금 ··································· 2꼬집

만드는 법

아몬드는 굵게 다진다. 파는 얇게 송송 썬다. 아몬드, 파, 참기름, 소금을 잘 섞어서 연두부 위에 올린다.

(241kcal, 염분 1.0g)

흰색 채소

파에 대한 내용은
96~97쪽 참조

오크라의 점성을 살려 식감이 좋은

매실 오크라 냉두부

재료(1인분)

연두부(작은 것) ················ 1팩(약 100g)
오크라 ···································· 3개
매실 ························· 과육 1개 분량
맛간장(2배 희석) ···················· 2작은술

만드는 법

매실 과육은 손으로 으깬다. 오크라는 끓는 물에 살짝 데친 뒤 물기를 털어내고 꼭지를 제거해서 송송 썬다. 오크라와 매실 과육, 맛간장을 섞어서 연두부 위에 올린다.

(77kcal, 염분 1.1g)

오크라의 식이섬유가 장을 건강하게

녹색 채소 오크라에 대한 내용은 70~71쪽 참조

타바스코의 깔끔한 매운맛이 일품인

방울토마토 살사 양념 냉두부

재료(1인분)

연두부(작은 것) ················ 1팩(약 100g)
방울토마토 ······························ 3개
꽈리고추 ································· 2개
양파 다진 것 ······················· 2작은술
올리브오일, 식초 ·············· 1작은술씩
타바스코 ·························· ½작은술
소금 ····································· 2꼬집

만드는 법

방울토마토는 꼭지를 제거하고 세로로 반 자른다. 꽈리고추는 꼭지를 제거하고 송송 썬다. 재료를 모두 섞어서 연두부 위에 올린다. (114kcal, 염분 1.1g)

방울토마토의 리코펜이 피부를 건강하게

적색 채소 토마토에 대한 내용은 130~133쪽 참조

칼슘과 비타민 D의 조합으로 뼈 건강에 좋은

팽이버섯 잔멸치 냉두부

재료(1인분)

연두부(작은 것) ················ 1팩(약 100g)
팽이버섯(병조림) ························ 1큰술
잔멸치 ···································· 1큰술
홀그레인머스터드 ················ ½작은술

만드는 법

팽이버섯, 잔멸치, 홀그레인머스터드를 섞어서 연두부 위에 올린다.

(81kcal, 염분 0.9g)

버섯에 대한 내용은 146~153쪽 참조

명란의 짭짤한 맛으로 간을 맞춘

새싹채소 명란 냉두부

재료(1인분)

연두부(작은 것) ················ 1팩(약 100g)
브로콜리새싹 ················· ½팩(약 10g)
매운 명란젓 ·············· ⅓~½개(약 30g)
고추기름 ··························· ½작은술

만드는 법

새싹채소는 밑동을 떼어낸다. 명란젓은 속을 긁어낸다. 새싹채소, 명란젓을 연두부 위에 올리고 고추기름을 뿌린다.

(114kcal, 염분 1.7g)

녹색 채소

새싹채소에 대한 내용은 58~59쪽 참조